JN224320

# 身のまわりの
# 不思議を科学する

自然、健康、生活、料理のサイエンス

古崎新太郎 FURUSAKI Shintaro

花伝社

## まえがき

身のまわりに存在する現象や人工物に関して、「どうしてこのようなことが起こるのだろうか？」、「どうしてこんなことができるのだろうか？」、「なぜだろう？」という疑問がふと頭に浮かぶことがある。物事に疑問を持つことは視野を広げるのに大事なことであり、それを疑問に留めるだけにせず、さらに自ら学び、調べ、考えることが創造性を深めるのに役立つと考えている。

ところで、広い意味での理学、工学、医学、農学を総称してサイエンスという言葉を用いることがあるが、これは理科と呼ばれるものを一般的に表現していると思われる。この「サイエンス」に人文科学、社会科学いわゆる文科系の学問を加えると、科学全般を示すことになる。本書は、身のまわりにある「なぜだろう？」、「不思議だ」と感じる事柄をサイエンスの立場からやさしく説明し、それが多くの現象について自ら考える姿勢を育むことになればと思い著したものである。

本書は４つの構成からなっている。第一に自然現象について、第二に健康について、第三に生活している中での事象について、また最後には料理に関連する事柄についての「なぜだろう」を記しており、それぞれ身のまわりにある話題を扱っている。

筆者は小中学生向けの前書『身のまわりのやさしいサイエンス』（2016年、花書院刊）で、次世代の若者に対してサイエンスの魅力を伝えることを試みた。本書はさらに年長の高校生、大学生や一般の社会人向けをイメージして書かれたもので、上記の本に記載した事柄は除かれている。本書は上記の本のadvance版といってもよく、これによって、物事の不思議を追求する姿勢が身に付き、それが若き次世代の人々へと広がり社会の発展に寄与するのであれば、著者にとって望外の悦びである。

2024年5月
古崎新太郎

身のまわりの不思議を科学する
——自然、健康、生活、料理のサイエンス
◆目次

## 第４章　料理のサイエンス

# 第１章

# 自然についてのサイエンス

# 1 花はどうして決まった時期に咲くのか

桜は東京では毎年３月下旬に咲く。菖蒲は６月初旬、紫陽花は６月下旬から７月初めにかけて咲く。ひまわりは夏に、菊は秋になってから咲く。このように、植物は季節を告げてくれる。植物は脳を持っていないから、頭で考えて季節を告げるのではなく、持っている遺伝子の作用でそうなるのだ。植物の遺伝子は非常に大きくて十分に解明されているわけではない。ただ、どういうメカニズムで季節を感じているのかについては想像することができる。

植物にはいろいろなセンサーが備えられている。フィトクロムとかフォトトロピンとかクリプトクロムというタンパク質が光に反応して構造を変化させる。すなわち、これらの光受容体が光を感知して、そのシグナルを核にある遺伝子のレセプター（シグナル受容体）が受け取って情報の発現を促す。これにより開花に関係するタンパク質の合成を引き起こして開花を促す。植物により、日照時間が増える時期に開花の遺伝子を発現するものもあれば、これとは逆に菊のように日照時間が短くなることに反応して開花するものもある。

なお、フォトトロピンは青い光のレセプターであるが、光屈性に関与しているといわれる。光の当たらない部分の方が当たっている部分よりも成長が速いので、全体としては光の方向に茎が向いていく。植物ホルモンのオーキシンが茎の光の当たらない陰の部分に集まって、その部分の成長が促進されるということである。ただし、フォトトロピンとオーキシンの関係については、まだ十分に解明されていないように思われる。

　また、温度センサーとしてもフィトクロム、フォトトロピンやクリプトクロムが働いていることも分かってきた。温度センサーの情報からも植物は季節を感じている。このように、植物は持っている遺伝子の情報を基に、温度や光の変化を微妙に感知して季節を感じ取っている。“自然界の巧妙なシステム”といえる。

## 2 物が下に落ちるのはなぜか

手に持ったものを離すと下に落ちるのは1665年にニュートンが発見したといわれる万有引力によるものだ。(しかし、その前にも引力についてはアリストテレスやガリレイなども記述していて、ニュートンの前後にも論じていた人がいたようだ。) ニュートンは庭のリンゴの木から実が落ちる様子を見てそれを思い付いたといわれていて、そのリンゴの木とされるものが、今ではいろいろな所に移植されている。日本では東京の小石川植物園にあるものが有名だ。

万有引力は天体の動きを見ると理解できる。たとえば、月は地球の周りをまわっているし、地球は太陽の周りをまわっている。物が円を描いてまわると外側に動こうとする力が働く (遠心力)。車や電車、ジェットコースターなどに乗ると曲がるときに外側に引っ張られるように感じるのは遠心力によるものであるし、陸上競技のハンマー投げも遠心力を利用して投げている。

月が地球の周りをまわっていて遠心力が働いているのに、飛んで行ってしまわないのは、万有引力によって地球に引っ張られているからだ。万有というのは「物は何でも持っている」ということで、何にでも引力が作用しているということだ。物が下に落ちるのも、水が流れるのも地球の引力でその物や水が引っ張られているからだ。

二つの物の間の引力の大きさはそれぞれの質量(しつりょう)の積に比例し、距離の二乗に反比例する。重い (質量が大きい) 物ほど引力は強いし、距離が近いほど引力が強くなる。小さくて軽い物の間では引力は感じないけれど、地球の質量が大きいから引力が感じられて物が落ちるのだ。地球も月も質量が大きいので、離れていても引力が働いて遠心力とつり合っているのだ。

引力 $F$ を数式で表すと、次のようになる。

$$F = GM_1M_2/r^2 \qquad (1)$$

ここで、$M_1$ と $M_2$ は二つの物の質量［kg］、$r$ はその間の距離［m］だ。$G$ は万有引力定数と呼ばれて、比例乗数で $6.674 \times 10^{-11}$ $m^3/(kg \cdot s^2)$ となっている。この単位を使うと $F$ の単位は $kg \cdot m/s^2$ となる。この力の単位［$kg \cdot m/s^2$］は（質量×加速度）であるが、万有引力の発見者ニュートンにちなんで N で表し、ニュートンと呼んでいる。

ところで、地球上の重力を考えると、物が万有引力によって地球に引っ張られている。物の質量は $M_1$ として、もう一方の引っ張る側の地球の質量 $M_2$ と（地球の中心と物の）距離 $r$ はいつも変わらず一定だ（地球が真球とした場合）。この場合、物の地表からの高さは地球半径に比べて十分小さいので、地表の凸凹は無視できる。したがって、(1) 式の $GM_2/r^2$ をまとめて $g$ で表して、重力はつぎの式で表すことができる。

$$F = gM_1 \qquad (2)$$

この $g$ は重力加速度と呼ばれ、約 9.8 $m/s^2$ だ。この式でも力の単位は N[kg・m/s²] だ。だから、1 kgの物の受ける重力は　9.8 N ということになる。多くの場合、物の質量を小文字の $m$ で表し、$g$ と $m$ の順序を変えて

$$F = mg \tag{3}$$

と表し、この式は質量 $m$ の物に働く力やエネルギーの計算に広く用いられている。

ところで、万有引力の原因は何だろうか。なぜ、質量があると紐(ひも)もない空間で引っ張り合うのだろうか？　この問題は未だに解決されていない。アインシュタインは相対性理論(そうたいせいりろん)の中で重力について議論している。相対性理論で重力の作用について部分的には取り上げて説明しているが、完全とはいえない。近年では素粒子論(そりゅうしろん)の立場から重力の作用について議論が進められていて、そこでは重力子(じゅうりょくし)という素粒子などが考えられている。しかし、結論はまだまだで、解決すればノーベル賞受賞は間違いない話題である。「重力とは何か」という問題を解決するのはまだまだ時間がかかると思うので、この話はこれまでとしよう。

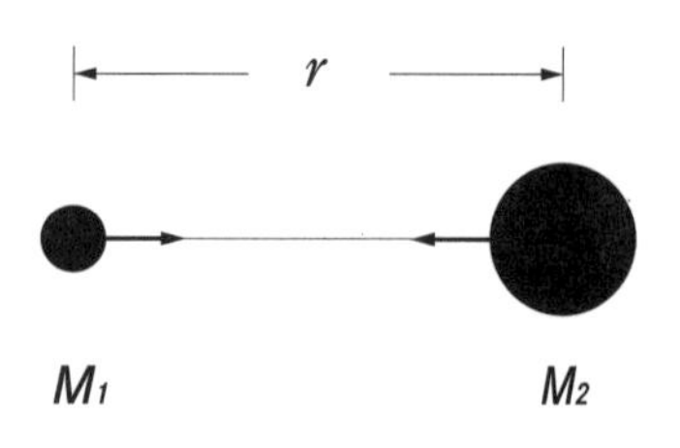


万有引力

# 3 なぜ水は凍ると体積が大きくなるのか

水は0℃より温度が低くなると氷になって水に浮いてくる。つまり水より氷は軽くなる。同じ質量の水が氷になると体積が増えるので、比重が小さくなって水の中では浮いてくるのだ（ある容量の水（例えば1L）と同じ容量の物（ここでは氷）の重量を比較して、水の重量を1としたときの、その物の重量を比重と呼んでいる）。なお、以前に出版した『身のまわりのやさしいサイエンス』の中の「船が沈まないのはなぜか」という項目に浮力のことを書いてあるので参考にして欲しい。水に氷が浮いているとき、氷が排除する水の重さが氷の浮力として働いて、氷の重力と釣り合って氷が浮いているのだ。

それでは、水はなぜ凍ると体積が増えるのかについて説明しよう。一般に、液体中では分子は自由に動き回っているが、固体中では分子同士が近い距離で居心地のよい（エネルギーの低い）位置に留まっていて振動はするが動き回ってはいない。この居心地というのは、分子を構成する原子の間の引力や反発力で決まってくる。例えば、食塩 NaCl の結晶ではナトリウム Na 原子と塩素 Cl 原子が立方格子状に整列していてきれいな結晶になる（参考図）。それに対して、水の場合は分子 $H_2O$ の形が「く」の字形になっているので、分子同士が近づいて整列する結晶を作りにくいのだ。水の分子は酸素原子 O の両側に水素原子 H がつながっているのだけれど、酸素原子の結合の手が両腕を一杯に広げるのではなく、「く」の字のように狭く広げている。その広げる角度は

104.5°で、構造式で書くと図1のように、模型にすると図2のようになる。

図1　水分子の構造　　図2　水分子の模型

温度が水の融点以下になって水が固体（氷）になるときには、分子中の水素原子と酸素原子が引き合う。水分子を構成する水素原子と酸素原子が整列しようとするが、図3のように亀の甲のような結合により少し空間ができる形で固まって

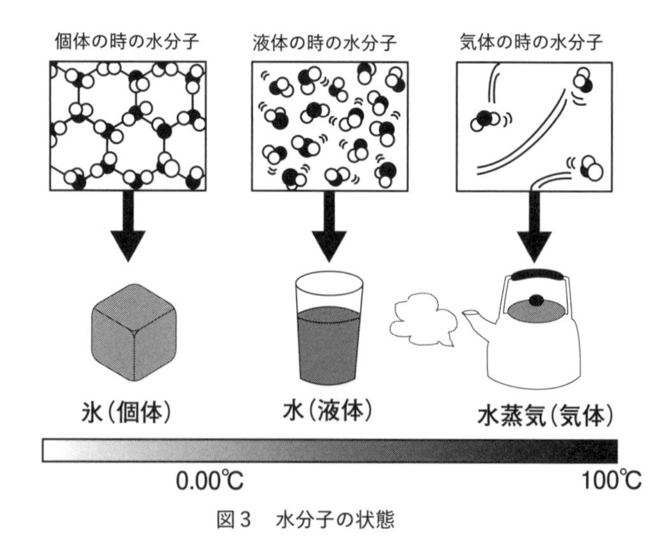


図3　水分子の状態

出典：https://www.suntory.co.jp/eco/teigen/jiten/science/01/ より一部改変

しまう。これがエネルギーの低い安定した状態なのだ。その空間は分子が自由に動ける液体の時よりも大きくなってしまうので、水の状態よりも氷の状態の体積が大きくなる。したがって、比重が液体の時よりも小さくなるので、氷が水に浮くのだ。

ちなみに水分子が固体になるときに居心地のよい形は６角形だ。雪の結晶は何となく６角形の中心があって、そこから枝が伸びているように見える。これは分子の形が「く」の字になっているからなのだ。雪印メグミルクという会社のロゴにも、その形が表現されている。

参考図　食塩結晶の模型

# 4　磁石はなぜ物を引き付けるのか

磁石に釘を近づけると釘がくっつくし、砂の中で移動させると、鉄の粉が付いてくる。ひもや糸がないのに、なぜ磁石が物を引き付けるのかについて考えてみよう。その前に、磁石について解説する。

磁石になる物質は限られている。主に遷移元素といわれる鉄、ニッケルやコバルトなどが磁石になりやすいが、特に鉄は強い磁石になるので、よく利用されている。最近では、希土類元素といわれるものにも強い磁性を示すものがあり、ネオジムという元素も利用されている。元素単体でなく、鉄の酸化物（フェライト）や鉄とネオジムやサマリウムといった元素を混ぜて焼き固めた焼結金属も強い磁性を示すので一般によく利用されている。

なぜ磁性を示すのかについては、物理学の物性論で研究されている。それによると、電子のスピンという性質が関係する。電子は原子核のまわりを回るだけでなく、自分もくるくる回っている（自転）のだけれど、自転の回り方（右回りか左回りか）を表すのにスピンという考えが用いられていて、矢印で向きを表している。（右回りが上向きで、左回りが下向きで、スピン（矢印）の向きが逆になっている。）電子は互いに反対のスピンを持つ相手と同じ電子軌道で陽子の周りを回ると安定する。相手がいない場合に相手を求めて磁場が生成するということだ。（これは、原子が他の原子と化合物を作る時に、電子の数が足りなくて共有するのと似ている。）

磁場が生成しやすい物質を磁性体と呼んでいる。参考までに、以前に書いた『身のまわりのやさしいサイエンス』の42ページの「原子と分子の話」も読んで欲しい。

それではどうやって磁石ができるのだろうか？　天然に磁気を持っているものの場合には、小さな粒子に砕いてから磁気の向きをそろえて形を作って固めると、よく見る棒状や馬蹄状の磁石が出来る。もともと磁気を帯びていない物質の場合は、たとえば鉄の棒に電線を巻いて（コイルという）そこに電流を流すと鉄が磁気を帯びる。磁気については磁力線というもので表すことが多い（図１）。磁石になった鉄の一方の端をＮ極、他方の端をＳ極と呼んでいる。これは地球の北極（Ｎ極）と南極（Ｓ極）からとった名称だ。

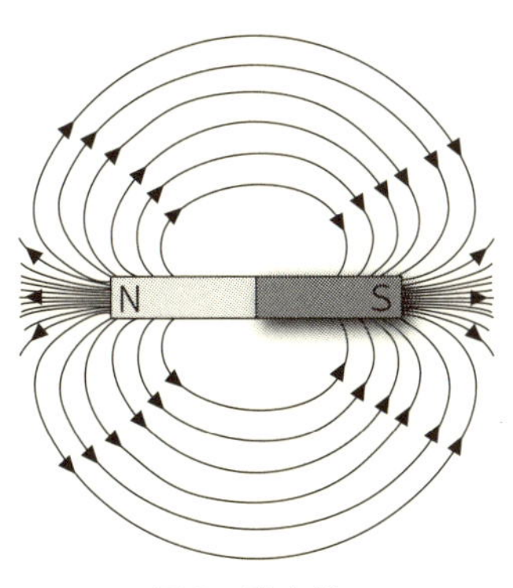


図１　磁力線

ところで、万有引力の場合は質量があれば互いに引き合うのだけれど、磁石の場合はＮ極とＳ極は引き合うが、Ｎ極とＮ極、またＳ極とＳ極では反発する。その力は万有引力の法則における質量の代わりに磁気量というものを使えば、万有引力の法則と類似の数式になる。距離が離れると、距離の二乗に反比例して力は弱くなる。万有引力と磁石の引き合う力は何となく似ているけれど、万有引力との違いは反発力がある点で異なる。

ちなみに静電気の間にもプラスとマイナスの電荷は引き合うし、プラスとプラス、あるいはマイナスとマイナスのように同じ極性の電荷は反発するので、磁場の関係と類似している。

# 5 方位磁針が北を向くのはなぜか

南北の向きを知るのに、方位磁石を用い、その針を方位磁針と呼んでいる。ここでは、その方位磁石の原理を説明する。それには地磁気のことを説明する必要がある。

地磁気とは地球の持つ磁場のことで、地球自体がいわば棒磁石のようになっている。その原因は、地球内部にあるマグマが溶融（ようゆう）し、流動していることにある。マグマは鉄やアルミニウムなど種々の金属元素が混在していて、電子がそれらの原子の周りを飛び回っている。しかもマグマ全体として地球の自転に伴って回転している。

つまり、電荷を持っている電子が地球軸の周りを回っていることになるので、電流が流れているのと似た状況になる。コイルに電流が流れると磁場が生ずるのと同じ原理で、地球にも磁場が出来て地球軸の周囲に磁力線が生成する（図１）。これが地磁気の生ずる原因だ。

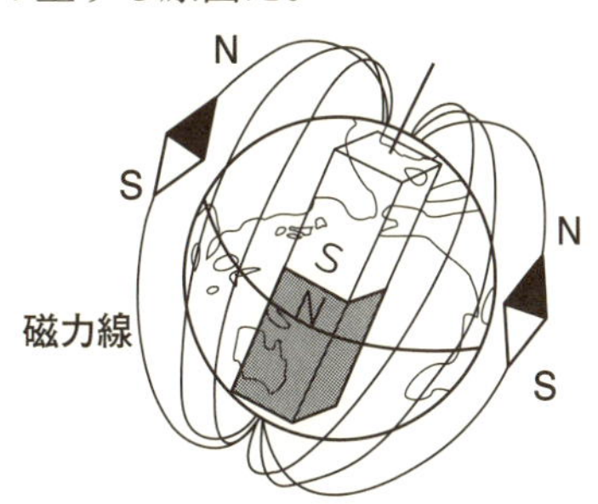


図１　地磁気と磁針
出典：http://hajime0531.blog11.fc2.com/page-2.html

地表において磁場が存在しているので、ここに方位磁石を置くと地球の磁場に反応してＳ極とＮ極が引き合う。つまり、磁石のＮ極は地球のＳ極に引かれてその方向（北）を向く。反対に磁石のＳ極は地球のＮ極（南）の方向を向くことになる。

実際には北極、南極よりも少しずれた方向を指すのだが、これを磁気偏角（じきへんかく）と呼んでいる。日本では磁石の針は北極よりも少し西を指すということだ。磁気偏角の原因は地盤やマグマの状態などによるものと考えられるが、詳細は分かっていない。

なお、スマートフォン（米国では cell phone）でも半導体を使って、磁場の方角を示すものがある。これは磁石を用いるのではなく、電子的にホール効果というものを応用しているのだけれど、専門の知識が必要なので詳細は省くことにする。

# 6 温暖化対策と自然エネルギー

地球の温暖化が環境問題の重要課題になっている。産業界では、発電所、製鉄所、自動車産業などで、温暖化対策が最重要課題である。その主な対策は温暖化の原因とされる空気中の二酸化炭素（$CO_2$）濃度を下げることである。空気中の $CO_2$ 濃度は産業革命の前は 280ppm [1] であったが、2019 年には 410ppm となっている。（『身のまわりのやさしいサイエンス』21 ページに 2015 年までの $CO_2$ 濃度の上昇過程のグラフが載っている。）なお、$CO_2$ 以外にもメタンなどの有機物の蒸気や水蒸気が $CO_2$ よりも温暖化ガスとして温暖化に寄与する可能性があることを追記しておく。ただし、水蒸気は発生の制御が困難であり、有機物は濃度が低いので、$CO_2$ ほどには影響していないとしてあまり問題にされていない。

さて、産業界における温暖化対策としては、自動車においては、ガソリンおよびディーゼル車から電気自動車 EV への変更がある。ただし、電気を火力発電所で作る場合には、そこで $CO_2$ を発生してしまうので注意が必要である。また、燃料電池を用いる車も開発されている。これも燃料となる水素を作るのに石油由来のナフサを使っては、あまり効果は出ない。ただし、発電所や石油化学工場でのエネルギー効率向上に向けての努力が精力的に行われている。

1）ppm は 100 万分の 1。空気の体積 $1m^3$ の中に $CO_2$ ガスが 1mL 含まれるとき、その濃度は 1ppm である。

温暖化対策としてより望ましいことは、発電に太陽電池、水力、風力、潮力、波力やバイオマスなどの自然エネルギーを使用することである。火力発電所、製鉄所、セメント工場などでは石炭、石油などを大量に消費するので、$CO_2$ を大量に発生する。したがって、$CO_2$ を除く手段として排ガス中の $CO_2$ をアルカリ性の吸収剤を含む水溶液で吸収して除去し、吸収した $CO_2$ を別途利用することが考えられている。

ところで、環境省によると 2019 年度の日本の $CO_2$ 総排出量は約 19 億トンということである。吸収される $CO_2$ の量はこれに比べると格段に小さい。したがって、$CO_2$ を出さないように、燃料として石炭、石油でなく、水素やアンモニアを使用することも大切な温暖化対策として検討されている。またあるいは、吸収した $CO_2$ を水と共に地中深くに埋めてしまうことも考えられている。これを CCS（Carbon Capture and Storage）と言っている。

さて、自然エネルギーであるが、ここでは概略のみを紹介することにする。まず、代表的な自然エネルギーとして太陽電池を挙げることができる。自然エネルギーの中では最も安価である。太陽電池はシリコン（ケイ素）を使うものが主流である。シリコンに不純物を加えた半導体を用いて p 型半導体と n 型半導体を作り、これを重ね合わせて太陽光を照射すると n 型半導体に電子、p 型半導体に正孔ができて電位を生じ、その間に電流が流れる（図 1 ）。（正孔とは電子が飛び出した跡に出来るプラスの電荷を帯びた領域を指す。実際には電子が移動するのであるが、あたかも抜け孔が移動するかのように見える。）最近では基盤に高分子材料を用いて軽量の太陽電池も開発されている。

次に、自然エネルギーには水力発電がある。これは水を高

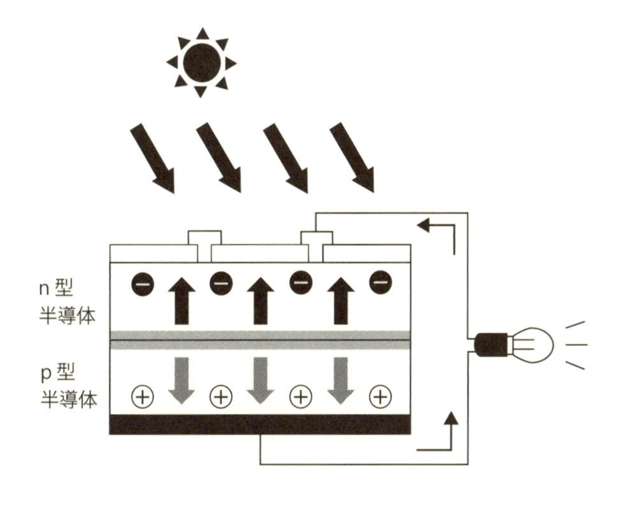


図１　太陽電池の原理
出典：キーエンス社の WEB 資料より改変

い位置から低い位置に流し、その流動エネルギーでタービンにつないだ発電機をまわして電気を起こす。さらに他の自然エネルギーとして地熱発電がある。これは地熱により水を加熱して高圧水蒸気を作り、その圧力で発電機をまわして発電する方法である。またさらに、海流の力や波の上下運動の力を利用するのが、それぞれ潮力発電と波力発電である。

もう一つ、風の力で発電機をまわすのが風力発電である。最近では地上の他に海上での風力発電（洋上発電）も注目されている。この他に少し違う観点から、木材等の生物系廃棄物（バイオマス）を燃やしたり、アルコール発酵でアルコール（エタノール）を作り、それを燃焼して上記で発電機をまわして発電することも行われる。これらがバイオマス発電だ。家庭の廃棄物や動物の糞尿を発酵させてもアルコール燃料を作ることができる。発電ではないがこれもバイオマスエネルギーの利用である。

最後にここで、いろいろな自然エネルギーによる発電コストを資源エネルギー庁報告などいくつかの資料から概略の値をまとめ、自然エネルギー以外の火力、原子力と比較してみた（表１）。太陽電池と水力発電のコストが低く、石炭火力や原子力に対抗できることが分かる。

表１　発電コスト

| | 発電コスト（円/kWH） |
|---|---|
| 太陽電池 | 12 |
| 洋上風力 | 26 |
| 水力 | 12 |
| バイオマス | 30 |
| 石炭火力 | 14 |
| 原子力 | 12 |

# 7 気象の予報はどのようにしているのか

天気予報は毎日の生活に欠かせない。最近ではいろいろなデータを集めてスーパーコンピューターで計算した結果を基にして予報を行っていることもあり、天気予報はかなり正確になってきた。予報には以前から地上付近の気圧配置が利用されているが、気圧の分布を地図上に記した天気図については『身のまわりのやさしいサイエンス』に記している。天気図上では低気圧や前線の近くでは上昇気流があるので、雲が発生し雨となる。低気圧の動きによって天気が予測でき、その動きは日本付近では上空のジェット気流に代表される西からの風（偏西風）に影響される。前線も低気圧の動きにつら

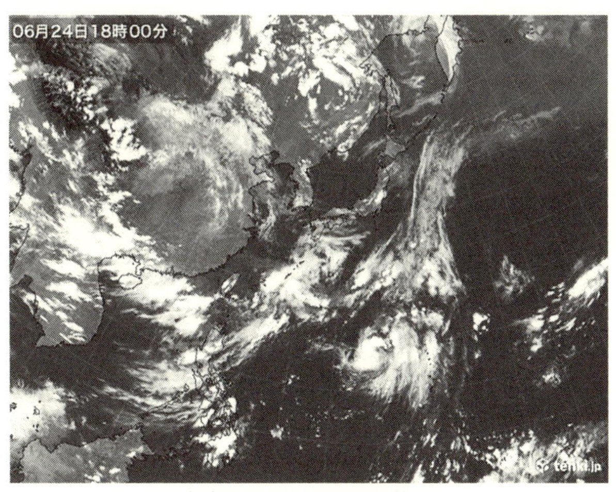


気象衛星による雲の状態

れて移動する。

また、同じく前掲書で示したように、低気圧のまわりには反時計まわりの風が、高気圧のまわりには時計まわりの風が吹いており、この風も天気の変化に関係する。例えば、梅雨の頃には日本の北東のオホーツク海付近に高気圧があって、それからの冷たい北東風によって東日本に冷たい雨が降ることがある。夏には太平洋の高気圧から湿った南東風が吹くので、湿度が上がる。この時、晴れると気温が上がり、暑くなるので熱中症に注意が必要だ。

南の赤道に近い所では、地球の自転によって東からの風が吹く。南の海で発生した台風はその風に乗って西へ進み、次第に北上する。この北上には前掲書に記したコリオリの力が関係する。台風のまわりは反時計回りの風が吹いているが、台風の北側の東風に比べて南側の西風は風の範囲が広がるためにその風速が小さくなる。そうなると台風の南側の気圧が北側よりも若干高くなるので、気圧の高い方から低い方に台

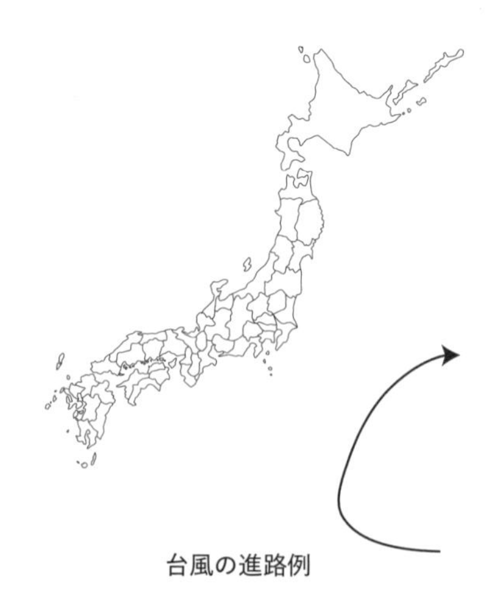

台風の進路例

風が押されて北に向かうことになる。この原理（ベルヌーイの定理）は、飛行機の翼の上下の圧力差によって飛行機が空気中を飛ぶことができるのと同じことだ。北上した台風は今度は西風が吹いているので、それに乗って東に向かうことになる。台風の進路は、気圧配置や上空の風の状態や地形によって変化するので、それらのデータを勘案した予測が必要だ。

気象の予測には、地形も関係する。山に向かって風が吹くときは、山の手前では上昇気流が出来るので雲が発生して雨が降る。台風の時に風が山に当たって大雨を降らせるのは、よく知られている。一方、風が山を越えると雨を降らせた後の空気は水蒸気量が少なくなるので、乾燥した空気になる。空気が下に降りて圧力が上がると圧縮されて温度が上がる（熱力学の原理）ので、山を越えて風が下向きに流れると、温度の高い乾燥した山越の風が来ることになる。時にはこれを「フェーン現象」と呼ぶ。夏に南風が吹いて日本海側で高温になることがあるのは、この現象である。

気象の予報には気象衛星も活躍する。地図上に雲や水蒸気の分布が表示されるので、現在の状態がよく分かり、将来の予報に役立つ。短期的な予報には、レーダーを用いた雨の降り方も参考になる。いろいろな気象データを集積して、数式モデルを立ててスーパーコンピューターを使って予報をするが、過去の厖大(ぼうだい)な天気の観測と基本となるデータ（天気図、上空の温度・気圧、風向き、風速、地形など）をコンピューターに記憶させて人工頭脳 AI を用いて気象現象の予報を行うこともできる。過去のデータの蓄積を利用する方法は AI の得意とすることである。

## 8 ヘリコプターに雷は落ちるか

筆者は飛行機に乗っていた時、羽田空港に近づいた地点(房総半島沖) で落雷に遭った経験がある。窓の外を見ていたら稲光がして、機体がガタンと揺れてすぐに機体に雷が落ちたという機長からのアナウンスがあった。飛行機には避雷のための放電用の棒が翼に付いているので、被雷しにくいはずであるが、それでも雷が落ちることがある。被雷して計器に故障が生じたり、燃料に引火したりすると事故につながるおそれがある。しかし、雷から来る電気は機体の金属部分を通って流れるので、中にいる人間は感電することはない。電気は機体を通って流れ、放電される。

さて、ヘリコプターの場合であるが、ヘリコプターも同様に被雷する。この場合は機体が小さく、避雷針も設置されていないので、一層の注意が必要である。中にいる人は飛行機や自動車の落雷と同様に感電しないが、計器の不具合が起きたり、燃料に引火したりする危険は大きい。

したがって、ヘリコプターは雷雲を避けて運行するのが原則である。雷雲の中や下でなくても雷の電流は空中を通って流れるから、ヘリコプターは雲に近づくのも危険である。

# 9 宇宙ステーションについて



宇宙飛行士は、スペースシャトルに乗って宇宙ステーションに行ったり来たりしている。これらの人たちは適性についてのテストに合格した後に、高加速度や無重力空間に耐える厳しい訓練を経てようやく宇宙に行くことができる。スペースシャトルは宇宙に行くことを目的に作られたロケットだ。宇宙空間は真空だから、飛行機は飛べない。一方、ロケットは高速のガスを噴射してその反作用で飛び上がり、宇宙でも前へ進むことができる。

ロケットの燃料には液体のものと固体のものがあるが、どちらも急速に反応して高温のガスを生成するものが使用される。燃える物（合成ゴムやヒドラジンなどの有機物）と酸化剤（過酸化水素、過マンガン酸カリウム、液体酸素など）を混合することにより急速に反応してガスを生成し、ガスが膨張して高速で噴射する。火薬のようなものだ。一度の噴射で燃料が尽きてしまうので、２段あるいは３段ロケットにして、ある高さに達したら噴射の終わった部分を切り離して、次の段の噴射によりロケットはさらに高い位置に進んで行く。最終的にはロケットの先端が宇宙に残ることになり、飛行士はこの先端の部分に乗るのだ。

宇宙ステーションに行くには、地上からロケットを発射して所定の高度に達したら姿勢を制御し、最終的に水平に飛行して安定して地球の周りを回ることになる。これらのロケットの軌道に関する制御にはスーパーコンピューターを使った綿密な計算が必要である。地球を回る速度は、地球からの引力と軌道を回ることによる遠心力がバランスするように保つ必要がある。もし制御に失敗して十分な就航速度が得られないと、地球の引力に引かれて落下してしまう。

ここで、宇宙ステーションが落下しないで、安定的に地球を回る速度について考えてみよう。先の「物が下に落ちる理由」についての話にあるように、万有引力の法則によると、宇宙ステーションが地球に引かれる力 $F_1$ は

$$F_1 = GM_1M_2/r^2 \qquad (1)$$

である。ここで、$G$は万有引力定数6.673×10^-11㎥/(kg・s²)、$M_1$は宇宙ステーションの質量［kg］、$M_2$は地球の質量［kg］、$r$は宇宙ステーションと地球中心の距離［m］である。また、遠心力$F_2$については「力=質量×加速度」というニュートン力学の基本法則から次式が得られている。

$$F_2 = M_1V^2/r \qquad (2)$$

$V$は宇宙ステーションが地球を回る速度［m/s］である。引力は距離が遠い程小さく、速度が速い程大きい。引力と遠心力のバランスから$F_1 = F_2$とすると、

$$V = (GM_2/r)^{1/2} \qquad (3)$$

となる。これによると、宇宙ステーションが落下しないためには速度はその質量には関係なく、軌道が地球に近い（$r$が小さい）程早く回らなければならないことが分かる。なお、

宇宙ステーションの速度は観測によると7,660 m/sくらいということである。地球の質量$M_2$は$5.972\times10^{24}$kgなので、これから(3)式を用いて計算すると$r = 6.8\times10^6$km、つまり6,800kmくらいとなる。地球の半径は6,371kmということなので、宇宙ステーションは地表から約430km上空を回っているという計算になる。

なお、宇宙ステーションから地球に戻る場合には、再びロケットで地球に向かうことになる。ただし、地球に向かって進むようにガスを噴射しても、出発点の宇宙ステーションが地球の周りを回っている影響で、まっすぐ地球に向かうのではなくシャトルは地球を回りながら次第に高度を下げて地表に近づいて来る。最後にはパラシュートを開いて速度を落とし、ゆるやかに着陸（あるいは着水）する。

# 第２章

# 健康についてのサイエンス

## 1 感染症とこうもり

この数年流行している新型コロナ COVID-19 はこうもり由来で人間に感染したといわれている。こうもりは鳥ではなく哺乳類で、その種類は多く、日本に棲息（せいそく）しているものは 35 種を超えるとされている。超音波を発し、その反射音から位置情報を知ることで暗闇でも壁にぶつからずに飛ぶことができる。顔が鼠（ねずみ）に似ていることから、空飛ぶ鼠といわれることもある。雑食性だが昆虫をよく食べ、飛びながら蚊や蛾などを追って食べることが知られている。洞穴に住むことはよく知られているが、人家の屋根の隙間に住みつくこともある。

こうもりが媒介（ばいかい）する感染症にはいろいろあり、これらはこうもりが持っているウィルスに由来する。狂犬病、エボラ出血熱や、SARS（重症急性呼吸器症候群）、MERS（中東呼吸器症候群）などの悪性の流行性感冒はその例としてよく知られている。こうもりは群を作って生活しているので、病原となる微生物やウィルスに感染すると群の中で互いに感染を広めてしまう。こうもりとヒトが接触することは通常は考えにくいが、こうもりと家畜が近い位置にいることで家畜が感染し、その家畜から人に感染することが考えられる。こうもりの唾液（だえき）や糞（ふん）に触れてその手で顔などを触るとやはり感染の危険がある。こうもりが食べた果物をヒトが食べて感染したという例もある。COVID-19 は中国の武漢市で何らかの原因により最初の感染が起こって世界中に広まったといわれる。

なお、ネズミを起源とする感染症も多い。例えば、細菌によるペストは中世の頃ヨーロッパで大流行したことで有名だ。他にも、ネズミ由来の細菌が原因のサルモネラ症、ネズミ由来のウィルスによるツツガムシ病などがある。

動物から感染する病気は多いので、ペットその他の家畜にも注意が必要である。動物に触れた後は、よく手を洗うことが大切だ。

参考文献：https://www.ayyoshi.com/ コウモリと感染症

## 2　ウィルスの種類と感染予防対策

2019年末頃から新型コロナ（COVID-19）の流行が大きな問題になっている。新型コロナは感染すると風邪などの症状から始まり、重症化すると肺炎などを発症することになる。風邪がウィルスによる病気だということは広く知られている。

ウィルスは約30,000種が見出されているといわれ、種類が非常に多い。病気を起こすものがよく知られているが、中には役に立っているものもある。遺伝子治療などの病気の治療に用いたり、遺伝子操作に用いて有用な物質を生産したり、品種改良に用いたり、あるいは害虫の駆除（くじょ）に利用したりする有用なウィルスもある。ウィルスは色々な動植物に感染する。COVID-19はコウモリに感染したものが、ヒトにも感染したといわれるが、詳細は明らかでない。（なお、ウィルスについては『身のまわりのやさしいサイエンス』56ページにも簡単に書いてあるので参照して欲しい。）

ウィルスには球状であるものが多いが、他にも棒状など球以外の形状のものもある。例えば、タバコだけでなくトマトやピーマンなどの野菜にも葉がちぢれたり、実が育たなくなったりするなどの害を与えるタバコモザイクウィルスは棒状である。また、エボラウィルスのように、紐（ひも）のように細長くなっているものもある。ウィルスの主体は遺伝子で、DNAを持っているものとRNAを持っているものがある。DNAは安定な物質だがRNAは不安定であるので、RNA

が変化すると遺伝子の変異が起こる。インフルエンザウィルスや新型コロナウィルスはRNAを遺伝子に持っているので変異しやすく、一度感染して抗体が出来ても長期間は有効性が継続しない。

ウィルスの遺伝子のまわりにはタンパク質の殻（キャプシド）があるが、ウィルスによっては殻の外側に界面活性のある脂質二重膜の袋（エンベロープ）に覆われているものもある。脂質二重膜はアルコールなどの有機溶剤や次亜塩素酸のような酸化性のある物質で分解されるので、これらに接触するとウィルスは活性を失う。一般に、酸、アルカリ、高温なども殻を構成するタンパク質を変性させるので、ウィルスの感染力を低下させる。

ウィルスは細菌と違って自分だけでは増殖できない。また、自分の力で動くこともない。生物と無生物の中間だと言われる理由がここにある。細菌は1 ~ 10μmの大きさであるが、ウィルスは100nm (0.1μm) くらいではるかに小さい。ウィルスは動物や植物の体内に入って、細胞にある材料と酵素を利用して自分と同じ遺伝子DNAやRNAを増やして増殖する。

細胞にとってウィルスはやっかいな異物であるので、これを除去しようとして強いアレルギー反応を起こす。これがウィルス感染による発病である。またウィルスは細胞を破壊するので、それによる傷害や重症化も引き起こしたりする。ヒトの遺伝子に変異を起こさせて細胞をがん化させてしまうこともある。

細胞にウィルスが侵入する際には、ウィルスから外に突き出ている糖タンパクが細胞表面の受容体（レセプター）と結合して進入路を作ることが知られている。（このタンパク質

HA, NA については前掲書 56 ページを参照して欲しい。）なお、コロナウィルスというのは、球状ウィルスから糖タンパク質が突き出ていて、その形が太陽のコロナと似ているのでそのような呼び名になったのである。細胞内で増殖したウィルスは侵入した経路あるいは、細胞膜を破壊溶出することにより細胞外に出て、更に周りの細胞を侵していくので、だんだん病気が重篤になっていく。

ウィルスのヒトや動物への感染は、目、鼻、口や皮膚の傷口からウィルスが体内に侵入することから始まる。患者がくしゃみや咳などをすると口から出る唾液などの液体がウィルスを含み、それが飛沫（ミスト）になって壁や扉などの表面に付着したり、そのまま目、鼻、口などの粘膜を通してウィルスが体内に入る。粘膜表面に付着すると、そこから更に粘膜の細胞内に侵入して増殖する。

なお、呼吸器からの侵入に対してはマスクをすることが有効である。一般の布製マスクは 3 μm くらいの粒子、液滴までは捕捉できるため、くしゃみなどで生じる直径数 μm かそれより大きい飛沫の大部分は捕捉できる。しかしウィルス自体は直径 100nm（0.1μm）程度の小さな粒子であるので、飛沫の水分が蒸発してウィルスが単独に浮遊している場合はマスクを通り抜けてしまう。これはちょうど布製マスクをしてもタバコを吸っている人の傍を通ると匂いを感じるのに似ている（タバコの煙の粒子は 0.5μm くらい）。したがって、乾燥した密閉空間でウィルスが漂っている場合には布製マスクはさほど役に立たないかと思われるので、注意が必要である。

手にウィルスが付着することもある。ウィルスの付いた扉や手すりや把手などを触ると手にウィルスが移り、その手で目、鼻、口などの粘膜に触れるとウィルスが体内に入って来る。したがって、頻繁な手洗いは重要な予防法である。外出から戻った時には、手洗いとうがいをすることは大事なことだ。ただし、ウィルスが咽喉に付着したら短時間に細胞内に入ってしまうので、帰宅時のうがいだけでは感染は防げないことに注意すべきである。

以上、ウィルス感染の予防には、密閉空間を避けて人混みの場所には行かないことが望ましいが、やむを得ず人混みに行く時には必ずマスクを着用すること（飛沫の沪過除去）、手指消毒用アルコールによる消毒または石鹸やハンドソープで手をこまめによく洗うこと（エンベロープの破壊）などに努めるのが大事なことであろう。

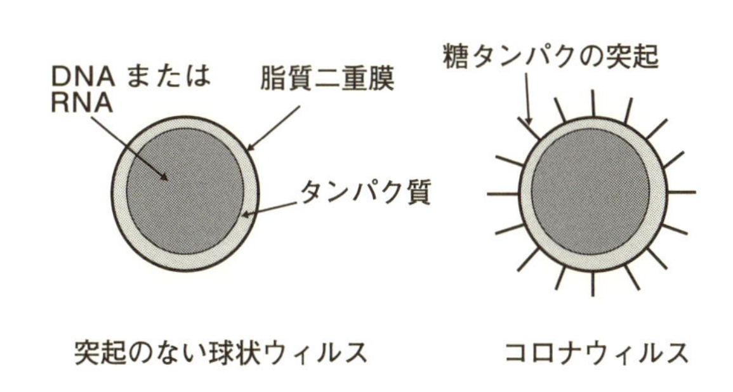

# 3 PCRと変異ウィルス

新型コロナウィルス（COVID-19）に感染しているかどうかを検査するのにPCR法が用いられることは、よく知られている。PCRとはPolymerase Chain Reactionの頭文字を繋げた略語で、具体的には特定の遺伝子の数を酵素により増やす手法である。PCRはDNAを増殖させる手法であるが、ステップを加えればRNAの増殖にも応用できる。元になるDNAやRNA、および酵素と４つの塩基[1)]（DNAではATGC、RNAではAUGC）を持つ核酸、さらにプライマー（設計された核酸塩基の繋がった末端部分）を混合して、所定の温度に制御して時間を経ればDNAあるいはRNAが増えてくる。前処理を行った後に、自動化された装置を用いて、２時間程度でDNAを精製して増殖させ、さらに塩基の配列までも解析することができる。新型コロナに感染しているかどうかは、患者の体内から採取した鼻水、唾液などの体液からRNAを精製してPCR装置で遺伝子配列を解析することによって判断している。

ところで、DNAあるいはRNAの遺伝情報はタンパク質に翻訳されて合成される。タンパク質は生物を構成する基本物質で、体の構造成分や必要な酵素となって働いている。ウィルスにおいても同様で、タンパク質が生体を構成している。

---

1）核酸塩基の記号はA= アデニン、T= チミン、C= シトシン、G= グアニン、RNAではTの代わりにU= ウラシルとなる。

遺伝の翻訳においては3個の塩基が1個のアミノ酸に対応している。たとえば、AUGはメチオニン、GCCはアラニンというふうに、その対応はすべて解明されていて、コドン表として与えられているが、この細かい話は省略する。このアミノ酸が繋がったものが、タンパク質となる。

ウィルスにしろ、細胞にしろ、増殖する際にはまず体内の細胞中で遺伝子をコピーして増やさなければならない。このコピー時にエラーが起きることがある。つまり、増殖の際に遺伝子のどこかの塩基が違う塩基に変わってしまうことがあるのだ。そうなると翻訳されて出来るタンパク質も変わってしまい、性質が変化する。今話題になっている変異ウィルスの場合、RNAの塩基が変わってしまうことでアミノ酸残基[2)]が変化し、それによってアミノ酸がつながって出来るタンパク質が変わってしまう。これが変異ウィルスと呼ばれるものなのだ。

RNAはDNAに比べて変異が起きやすい。COVID-19の場合、ウィルスの体からタンパク質の突起[3)]が出ていて、これが細胞膜の受容体タンパク質と結合するとその細胞は感染してしまう。感染した細胞が多くなると病気が発症する。変異により感染力の強いウィルスが発生するのが問題だ。

現在、様々な新型コロナの変異ウィルスが確認されている。N501Yはイギリスで発見された最初の変異株で、RNAの変異によりタンパク質分子の左端（N末端という）から数えて501番目のアミノ酸がアスパラギンからチロシンに変

2）タンパク質を構成しているアミノ酸をアミノ酸残基と呼ぶ。

3）スパイクタンパクと呼ばれている。靴底につけるスパイクのように、噛み合うことからこの名前になったと推察する。

わったことを示している。このように元の種のどこに変異が起きたかを記号で記すことができる。ちなみに、南アフリカ、ブラジルで発見された変異株はE484K、インド由来の変異株はL452R、E484Qの変異がある。どこにどのような変異が起きたか、下のアミノ酸の略号の表を見て考えよう。変異株はこの他にも20種類以上が知られている。なお、記号では理解しにくいので、N501Yをアルファ株として、インド由来の変異株をデルタ株、南米由来の株をラムダ株などとギリシャ語のアルファベット順に名前を付けることがWHOにより行われている。

表1　アミノ酸の略号（1文字法）

| 1文字略号 | アミノ酸 |
|---|---|
| A | アラニン |
| C | システイン |
| D | アスパラギン酸 |
| E | グルタミン酸 |
| F | フェニルアラニン |
| G | グリシン |
| H | ヒスチジン |
| I | イソロイシン |
| K | リシン |
| L | ロイシン |
| M | メチオニン |
| N | アスパラギン |
| P | プロリン |
| Q | グルタミン |
| R | アルギニン |
| S | セリン |
| T | スレオニン |
| V | バリン |
| W | トリプトファン |
| Y | チロシン |

# 4 熱冷ましシートは何故冷やしていないのに冷たいのか



体に貼って熱を冷ますシートにはいろいろな商品がある。「冷えピタ」は㈱ライオンの製品だが、他にも小林製薬㈱の「熱さまシート」など同様の製品がいろいろと販売されている。

これらの製品は絆創膏（ばんそうこう）のように皮膚に接着する成分の他に、L-メントール、ハッカ油（L-メントールが主成分、他にテルペン類を含む）などの冷感効果を出す物質、乳化剤、香料などが水分と共に高分子の吸水性ジェル物質に混合されている。

ジェルはゲル（gel）ともいう。同じものを指すが、日本ではジェルの方が水分を多く含み柔らかいものを、ゲルは固くて形を保つようなものを指して区別することが多い。学術的にはゲルということが一般的であるが、ここでは製品紹介にもジェルが使われているので、それに従った。冷えピタにはポリプロピレングリコールのような水溶性ポリマーが用いられる。

貼ると冷たく感じるのは、ジェルに含まれる水分の蒸発による吸熱効果とL-メントールによる冷感効果のためだ。ジェルには水をたっぷり含むことのできる物質が使われている。さらに、L-メントールが皮膚の受容体に結合して冷たい感覚を与えているため、冷感効果が発揮される。なお、受容体は鍵と鍵穴のように、うまく形状が合わないと相手と結合できず、冷感を与えない。したがって、光学異性体[1)]のD-メントールはメントールの仲間であるが、L-メントールとは違って冷感を与えない。

　ところで、熱冷ましシートは８時間冷やす効果があるということであるが、皮膚が敏感な人はかぶれには気を付けた方がよさそうだ。

1）同じ化学式の化合物で、鏡の実像と虚像のように左右反対の立体構造を持つ化合物を光学異性体と呼ぶ。分子中の炭素原子に結合している４つの原子団がすべて異なる場合に光学異性体が存在する。光の振動面を右に回すか、左に回すかにより区別するので光学異性体という。

# 5 アルコールの消毒効果について



最近は多くの場所に消毒用アルコールが置いてある。ただし、消毒に使用されるのはエチルアルコール（エタノール）だ。他のアルコールは毒性があるので、消毒効果はあるがヒトには使用しない。なお、エチルアルコールはお酒として飲料にも用いられるが、アレルギーを起こす人もいるので、使用には注意が必要である。

細菌に対する消毒効果は、細胞膜破壊に基づくと考えられる。細胞膜は脂質二重層から成っており、疎水性の脂質を内側に、親水性のリン酸化合物を外側に持つ二重層である。エチルアルコールは親水性であると同時にエチル基の疎水性もあり、細胞膜の中に入り込んで膜構造を壊す役割をしていると考えられる。細胞膜は細胞の保護、物質透過など細胞の機能を維持するのに重要な役を演じており、これが破壊されると細胞は死んでしまう。エチルアルコールの殺菌効果が最も高い濃度は70％程度といわれている。消毒用アルコールはこの濃度で販売されているので、薄めて使用すると効果が薄れるので気を付ける必要がある。

ウィルスに対しては、遺伝子を包む膜（エンベロープ、37ページ参照）が脂質二重膜と膜タンパクから成っているので、エチルアルコールは細菌に対するのと同様にウィルス破壊を行う。その最適な濃度も細菌に対するものと同じく70％とされている。さらに、脂質二重膜の外側にあるタンパク質の殻や、殻を突き抜けている糖タンパク（スパイクタンパクという）もエチルアルコールによって変性する。これらの効果でエチルアルコールはウィルスに対しても消毒効果を示すことになる。

なお、次亜塩素酸やそのナトリウム塩は酸化作用があるので、脂質二重膜やタンパク質を変性させ、エチルアルコール同様の消毒効果を発揮する。

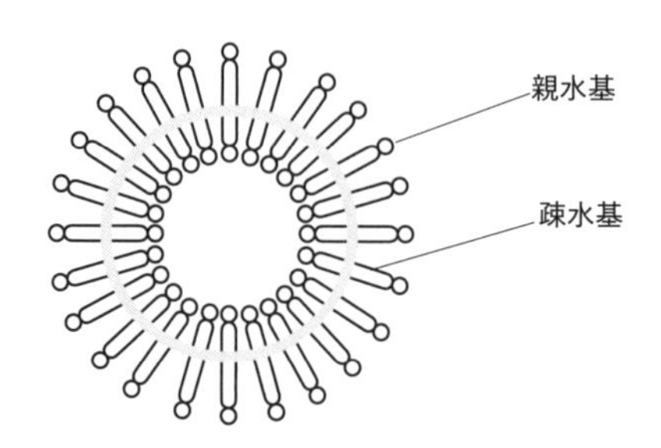


脂質二重膜の構造

## 6 赤カビと黒カビはどのように違うのか



台所の流しや部屋の隅などには黒カビが生える。一方、プラスチック容器の底などに赤カビが出ることがある。チーズには青カビが生えるし、衣類には茶色や黄色のカビが生える。また、壁などには白いカビが生えることもある。カビの色はどうして違うのだろうか？

カビの色は、カビが二次代謝産物（生育に直接は関係しない代謝産物）として色素を生産することによって生じている。なぜ色素を生産するのか、その理由は分からないが、おそらく外部から受ける何らかの損傷を防ぐ役割を演じているのであろう。黒い色素はメラニン系、赤い色素はカロテノイド系の色素である。カビ（真菌という）には何十万種があるといわれ、それぞれの種（しゅ）の遺伝子により生産する色素の種類や生育する環境が異なる。そして、温度、湿度、pH、塩分濃度など生育しやすい環境条件も種類によって異なっている。赤カビの生える所と、黒カビの生える所は環境条件によって異なるのだ。

カビは汚れになったり、食中毒を起こしたりするものが多いが、役に立つものもある。例えば、カビの一種である麹（こうじ）は酒作りの際に米などのデンプンをグルコースなどに糖化するのに用いられる。味噌や醤油の発酵の際にも大豆を原料として麹により発酵させている。抗生物質のペニシリンは青カビの一種から作られる。ストレプトマイシンも違う種のカビから作られる。森の中の枯れ枝などを腐食して土に戻すのもカビの役目だ。
　なお、カビには赤カビ、黒カビだけでなく、上に挙げた青カビや、黄色いカビや白いカビなど、いろいろな色のものがあることに留意しよう。
　カビは胞子で増えてどこにでも現れるので、上手に制御することが大切だ。ついでながら、襟に生じる黄ばみは皮脂が付着して酸化されることにより着色しているのであって、カビが生育しているためではないことを念のため追記しておく。

# 第３章

# 生活の中のサイエンス

## 1 エアコンはどのように空気を冷やしたり暖めたりするのか

エアコンを稼働（かどう）させると、冷房運転の時は部屋には冷たい空気が出てきて、家の外には熱い空気が出てくる。逆に暖房運転の時は部屋には暖かい空気が出てくるが、外には冷たい空気が出てくる。

なぜこうなるかを理解するには、熱の科学について知る必要がある。一般に熱の伝わらない条件で気体を圧縮すると(断熱圧縮）温度が上昇し、逆に気体を膨張（ぼうちょう）させると（断熱膨張）温度が下がる。また、気体をある圧力以上に加圧すると液体になり、逆に液体を減圧すると蒸発して気体になる。気体が液体になる時は、凝縮（ぎょうしゅく）熱を出すので温度が上がり、液体が気体になる時には蒸発熱を吸収するので温度が下がる。液体が気体になったり、気体が液体になったりすることを相変化と呼んでいるが、このような相変化に伴って熱が出入りすることも考える必要がある。

エアコンに使う気体は冷媒（れいばい）と呼ばれるが、冷媒として以前からフッ素化合物のフロン類が用いられていた。しかし、フロンは温室効果ガスとして地球温暖化を招くので、代替フロン（ジフルオロメタン $CCl_2F_2$ など）というものが開発されている。しかし、それらも効率はよいが同じようにフッ素化合物であり、地球温暖化を防ぐことはできない。したがって、エアコンを使用後に廃棄する場合には、冷媒を回収し再利用することが義務付けられている。なお、初期に用いられていた二酸化炭素、アンモニアやイソブタンなどの炭化水素もフロンよりも地球温暖化係数が小さいこともあって、再び代替フロンに混合して使われることがある。現在も新しい冷媒の研究が鋭意行われている。

冷媒を圧縮すると熱が発生し、膨張させると熱を吸収するので、これを繰り返すと熱を出したり、取ったりすることができる。実際には冷媒を循環（じゅんかん）して（サイクルという）利用する。クーラーの場合、圧縮されて熱くなった冷媒を外の空気で冷やし、それによって冷えた冷媒をノズルから急に圧力の低い容器に吹き出すと、冷媒は膨張して更に温度が下がる。そして、その冷たくなった冷媒を部屋の空気で暖める（部屋は冷える）とクーラーとして使用できる。つまり、部屋の空気が持っていた熱が冷媒に奪われることで、部屋が冷えるのである。部屋の空気で暖められた冷媒はまた圧縮されて熱くなる。こうしてぐるぐる冷媒は循環するのだ。このサイクルを図で示すと図１のようになる。



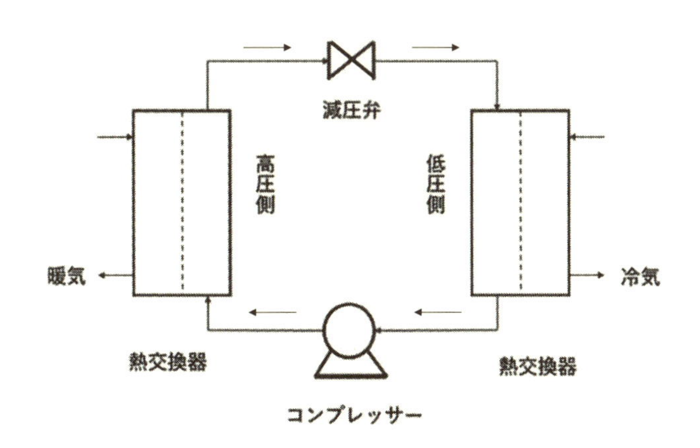


図１　ヒートポンプの概念図

図において冷媒は右回りに循環されてサイクルになっている。コンプレッサー（圧縮機）で圧縮された冷媒は熱交換器で空気と熱を交換して、そこで暖まった空気は冷房運転の時は室外に放出されるが、暖房器として使う場合には室内に放出して部屋を暖める。熱交換器を出た冷媒は温度が下がったので減圧弁に行き、そこで急速膨張して温度が更に低下する。温度の低い冷媒は熱交換器に行って、今度は空気を冷やす。冷えた空気は冷房運転の時は部屋に吹き出されて部屋を冷やす。逆に暖房に使用する時は、冷たい空気は室外に放出される。したがって、エアコンを冷房に使用している時には、室外機の前にいると熱い空気が出てくるが、暖房に使用している時には室外機から冷たい空気が出てくることになる。このように、冷媒の循環サイクルで低い温度から熱（ヒート）を取り出して高い温度を生産しているので、この熱エネルギーのサイクルシステムは（水を低い所から汲み上げていることになぞらえて）ヒートポンプともいわれている。

なお、このシステム全体としてはコンプレッサーを動かす際に電気エネルギーを消費している。このようなエネルギーシステムの有効利用を研究するのは熱力学という学問分野である。効率よく電気エネルギーを冷暖房に利用するためのこのような研究も大事な分野ということができる。

## 2 ネックレスチェーンが変色するのはなぜか

ネックレスを使っていると、使用しているうちにチェーンが変色することがある。これは人によって軽微だったり、顕著だったりという違いがある。それはなぜだろうか？

ネックレスにはいろいろな材質が用いられている。金、銀、白金（プラチナ）、チタン、ステンレスなどの他に、銅、真鍮（しんちゅう）、クロムメッキなど多種にわたっている。金や白金は酸化されたり腐食することがないが、銀は酸化されると黒く変色する。銅、真鍮、クロムメッキ製品は酸化しにくいが、条件によっては酸化され、例えば銅は青さびが出ることがある。また、酸化されなくても汚れが付くことがある。

さて、ネックレスの変色の度合いが使う人によって異なる理由は何であろうか？　保管や取り扱いの違いによることもあるが、汗のかき方の違いも考えられる。人の肌の pH はほぼ同じはずであるが、汗のかき方は人にもよるし、その日の温度や湿度によって違いがあり、周りの環境の影響もあると考えられる。汗の pH は 6 前後で弱酸性である。したがって、ネックレスのチェーンは、材質によっては酸によってゆっくり酸化される可能性がある。酸化されると表面が滑らかでなくなるので、艶（つや）がなくなってくる。また色も黒ずんできたり、材質が銅や真鍮では青味がかってくることがある。

酸化以外にも、汗は有機物を含むので、カビなどが生えることもある。微生物が付着しても黒ずんでくる。そのため、ネックレスを使った後には、よく洗って乾燥させ、微生物が付かないようにすることも大切だ。微生物除去のためにエタノールで消毒するのもよいが、汗に含まれる酵素や酸が触媒になり空気中の酸素と反応すればエタノールは酢酸になる。出来た酢酸は金属を酸化（腐食）するので注意が必要である。酸化物（錆（さび））を取るには重曹を使うとよいといわれる。ただし、重曹を使った後には、よく水洗、乾燥しておくことも大切だ。なお、金属の材質によっては化粧品や香水でも化学変化を生じることもあるので、使用する化粧品の違いで使う人によっては変色に差が生ずることがある。

　以上の点から、ネックレスの変色を防ぐには、肌を清潔に保つこと、使用した後は汗が残らないようにきれいにして、酸化されないように気を付けることが大切である。

# 3 ラジオ放送の選局について

ラジオを聴く時、周波数を放送局のものに合わせると、聴きたいラジオが聴けるのはどういう仕組みになっているのだろうか？　これはやや専門的な話題になるが、できるだけ分かりやすく述べることにする。

ラジオ番組は視聴者の所に届く際、AM 放送は中波と呼ばれる周波数領域（300 kHz ～ 3 MHz）の、また FM 放送は超短波領域（30 ～ 300 MHz）の電波に乗って届けられる。中波と超短波の中間には短波という領域（3 ～ 30 MHz）もある。中波は地球の外側にある電離層[1]で減衰するので、遠くには届かない。短波は電離層で反射されて地表に戻るので、遠い所まで届く。超短波は電離層を突き抜けるので、やはり遠くまでは届かない。

したがって、遠くにいる船や外国へ、電波を届けるには短波が利用されている。日本の AM 放送は 530 kHz ～ 1600 kHz、また FM 放送は 78 ～ 92 MHz の範囲の周波数で放送されている。ついでながら、テレビのデジタル放送は極超短波（300 MHz ～ 3 GHz）の周波数である[2]。

さて、聴きたい局を探す時にはラジオのつまみを回して選

1）地上 50 ～ 500 km の原子や分子が紫外線や電磁波によりイオン化している空気層をいう。

2）K（キロ）は $10^3$（千）、M（メガ）は $10^6$（百万）、G（ギガ）は $10^9$（10 億）の接頭辞。1 秒に 1 つの波が来るのが 1 Hz（ヘルツ）。

局する。これには波の共鳴という現象を利用している。共鳴とは波が出ている場合に、その波長と合う波が来ると波が大きくなる現象だ。同じ波長の場合もあるし、波長の整数倍の波でも共鳴は起こる。たとえば、水面の波がぶつかって共鳴すると高い波になったり、ゴムを振動させて共鳴が起こると大きな波になることは知られている。楽器も共鳴現象を利用して大きな音を出している。

電波の場合も、受信機で波を発振させて、ラジオ局から来る電波の波長と一致させて共振を起こして大きい波にすることで、その局の電波を捉(とら)えることができる。受信機の発振は発振回路で波を発生させる。発振回路は簡単に言えばコイルとコンデンサーを組み合わせて作られている。ここで発振された波が目的の電波の波長（あるいは波長から求める波数[3)]（振動数、周波数などという））と一致すると選局が行われる。発振する波の波長を変えるには、バリコン（Variable condenser）という電気容量を変化できるコンデンサーによって変化させる。つまりバリコンのつまみを回して発振周波数を変えて、望みの電波を捉えることになる。この操作を同調と言い、その回路を同調回路と呼んでいる（発振回路でもある）。同調した電波から雑音のない音楽や言葉を取り出すには、検波、増幅などの回路を経てスピーカーに繋ぐ必要があるが、ここではその話は省略する。なお、手製でラジオを作るキットが販売されていて、インターネットなどを通じて購入できるので、ラジオを工作してみるのもよいであろう。

---

3）波長は波の山から山への距離（m）、波数は1秒間の波の振動数（$1\ s^{-1} = 1$ Hz）。波数を電波の場合、周波数と呼ぶことが多い。電波の進む速度（$3 \times 10^8$m/s）を波長せ割ると波数（周波数）になる。波長が短い程、周波数は大きくなる。

要するに、選局は電波の共振現象を利用して、求める振動数（周波数）を探し当てることであるといえる。

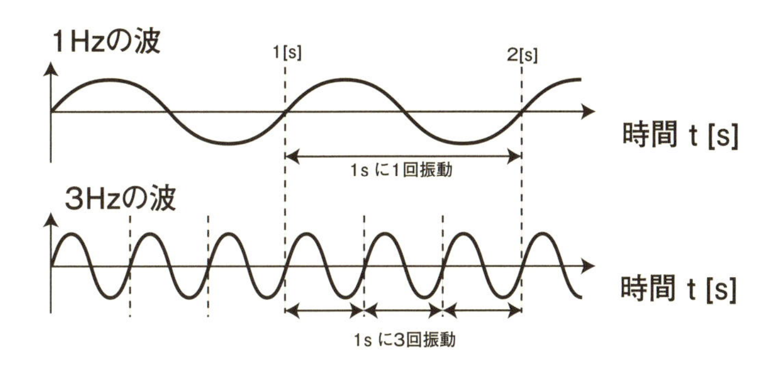


振動と周波数

# 4　DVD とブルーレイディスクの違い

文書、動画、音楽などデータの記憶媒体として DVD とブルーレイディスク（BD）が用いられている。ここでは、その違いについて述べる。

CD が登場する前にはレコードが音楽を記録していた。今でも CD と違った音調を好んで、レコードを愛用している人もいる。レコードは針でレコード盤の溝をなぞって音を出している。レコード盤はエジソンが発明した頃は真鍮などの金属盤であったが、今はプラスチック盤となっている。溝は機械的に彫られたが、その後、型をプレスして作られるようになった。

これらは旧式のもので、最近はレーザーでデータを書き込む CD が汎用されている。更にデータ量の多い DVD や BD では、動画を記録することができる。

DVD と BD について記すためにはレーザーについても解説する必要があるので、まず簡単にレーザーを紹介する。レーザーの語源は Light Amplification by Stimulated Emission of Radiation ということで、その頭文字を繋いで LASER と呼んでいる。簡単に言えば、相対する反射鏡の間で光が反射を繰り返して共振して増幅され、強い波になって放出されるものがレーザーである。共振を利用しているので、波長が全く同じものだけが得られて強い光となる。単一波長なので光は同じ挙動を示し、広がることがないので発光源と同じ幅で、同じ強さの光が進むことになる。

元となる光は電磁波で誘導されて発生するが、共振する空間（媒体という）の物質の種類によってレーザーの光の色が変わってくる。たとえば、ヘリウムとネオンを混合した媒体からは赤色レーザーが、アルゴンを媒体にすれば青緑のレーザーが得られる。固体のイットリウム化合物からはいろいろな波長のレーザーが得られる。波長によっては目に見えないレーザーもある。レーザーの強い光は遠くまで届くので、通信に使われたり、美術ではビルの壁に動画を映写したり（プロジェクションマッピング）、またエネルギーの強い光が得られるので、手術や工作（焼いたり、切断したり）などに広く応用されている。

さて、CD や DVD に文字や音楽などのデータを書き込む際には、ディスクの表面の溝に強い赤色レーザー（CD では波長が 780nm、DVD では 650nm）で信号を照射し、ピットと呼ばれる照射の跡を付けて行く。ピット（pit）とは窪（くぼ）みという意味だ。ピットにデジタルの信号（データ）が書き込まれて、後でそれを読み取ることができる。読み取る時には、同じ赤色レーザーの弱い光をピットに当てれば元のデータが得られる。ちょうど、レコード盤の溝に針を当てて音を再生するのと似た方法だ。

ここで、主題の DVD と BD の違いについて述べることにする。使用するディスクの材質は同じ高分子のポリカーボネートが使われることが多い。ディスクの構造は溝の幅などそれぞれ違う点はあるが、詳細は専門的になるので触れないことにする。データを記録する原理はよく似ているが、BD の場合は赤色ではなく青紫色のレーザー（波長 405nm）を使用する。青紫色レーザーは赤色レーザーよりもエネルギーが強いので、細い溝の中に微細なビームを照射してデータを書き込むことができる。溝が細いので数が多く、したがって一つのディスクにデータをより多く書き込むことができる。ディスクにもよるが、一般的にはおおよそ5倍量のデータを書き込むことができるといわれている。

なお、BDディスクの場合はDVDディスクに比べて溝が細く、また表面の保護膜が薄いので機械的な損傷を起こしやすい。(青紫色の光は赤色の光に比べて膜による吸収の度合いが大きく、したがって減衰度が大きいため薄い保護膜を使用するのである。)つまり、BDディスクの取り扱いはDVDディスクよりも丁寧に扱うことが大切である。

なお、記録はテープレコーダーのような磁気によるものではないので、磁場でデータは失われることはない。ただし、酸素、湿気、紫外線などによる材料のポリカーボネートの劣化が避けられないので、永久に保存できるとはいえない。データの保存期間はDVDもBDも30年くらいといわれている。

## 5 ブルーライトは体に悪いのか



パソコンやスマホが普及するにつれてブルーライトの目に対する影響を気にする人が増えている。このことについて考えてみよう。

ブルーライトはその名の通り青い光で、波長が 380nm ~ 500nm の光である。青い光は赤い光に比べて波長が短く、周波数が大きい（波長と周波数については 57 ページに少し説明がある）。したがって、光のエネルギーは波の数の多い青の方が少ない赤よりも強い。ブルーライトは青よりも波長が短い紫外線と比べるとエネルギーは弱いが、それでもエネルギーの強い光であるので注意は必要だ。

さて、ブルーライトが目の網膜に悪いと主張する論文はいくつか発表されている[1)]。網膜に長時間強いブルーライトを当てると、何らかの影響があることは考えられる。論文では網膜細胞の細胞膜に損傷を与えるということもいわれている。ただし、これらの実験については光の強度がスマホなどからの場合に比べてかなり強いので、影響が強調されている。一般的には、スマホを使う時にブルーライトによる影響を受けないためには、長時間画面を見続けないということやブルーライトを吸収する眼鏡を使用するとよいと思われる。

なお、ブルーライトで睡眠障害が起こるという説もある。

1）例えば K. Ratnayake et al.: https://doi.org/10.1038/s41598-018-28254-8、鈴木ら：眼科 (0016-4488)55 巻 7 号 769-772 頁 (2013) など。

これにはメラトニンという物質が関わっている。メラトニンはホルモンの一種で、化学的には分子量 232 のアミンである。アメリカではサプリメントとして認可され、ドラッグストアなどで売られているが、人の催眠や生体リズムの調節作用がある。すなわち、夜になると体内にメラトニンが分泌され、眠りにつかせる作用がある。しかし、ブルーライトを網膜が受けると、メラトニンの生成が阻害されて分泌量が減少する。この効果はブルーライトの強さと浴びる時間によって影響を受け、強いブルーライトを長時間浴びるほど、分泌量の減少度合いが大きくなる。したがって、そのようなことをすると眠気が抑えられるので、睡眠障害が出るおそれがある。夜遅くには、長時間スマホやパソコンを見ない方が健康にはよさそうだ。

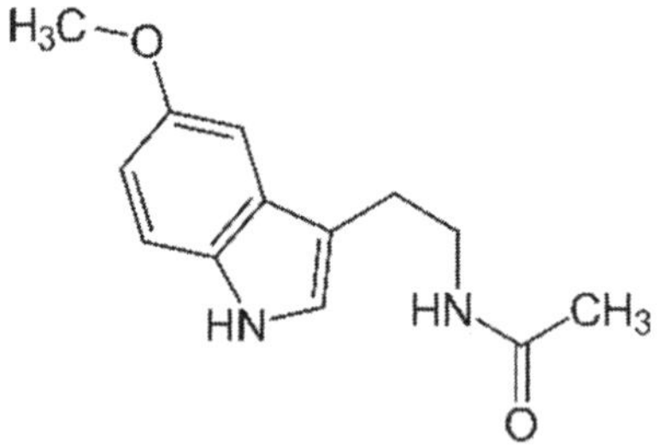

メラトニンの分子式

# 6 パソコンやスマートフォンの画面を長時間見ると目が疲れるのはなぜか

パソコンやスマートフォンの画面を長い間見ていると目が疲れてくる。目が疲れるのは、いくつかの理由がある。

まず、目の焦点を対象に合わせるのに、レンズの役目をする水晶体のふくらみを調節しなければならない。それには水晶体の周りにある筋肉（毛様体筋）を使うが、近くの物を見つめる時には水晶体を膨らますように筋肉が緊張した状態で働く。したがって近くを長時間見ると目の筋肉が疲れるのだ。次に、パソコンなどの画面を長く見つめるとまばたきが少なくなって、目が乾燥してくる。これも目の疲れる原因といわれる。

さらに、パソコンやスマートフォンなど液晶画面では、明るさの制御の為に液晶の背後にあるバックライトのLEDに約200 Hzの光の「ちらつき」がある（ただし、制御法によってはちらつかないものもある）。この「ちらつき」は周期が速いので肉眼では気が付かないが、無意識のうちに神経を疲れさせるとも言われる。また、波長の短いブルーライトが出てくるので、それが目を疲れさせる作用もある。

以上、いろいろな理由から目を疲れさせることが考えられるので、パソコンやスマートフォンを長時間使う時や本を長時間読む際には、遠くの山や空を眺めて時々目を休めることも必要だろう。

# 7 染料と染色の話

なぜ物に色がついているのか、『身のまわりのやさしいサイエンス』の40ページに書いてあるので参考にして欲しいが、色は特定の波長の光が物の表面で吸収されることによって生じる。光の吸収は光が当たる面での分子の振動による。つまり、特定の波長の光に共鳴して分子の振動が起こると、その波長の光が吸収される。光のエネルギーが分子振動に使われるのだ。分子の振動は原子核の細かい動きがあるが、可視光の吸収には電子の動きが関係する。光のエネルギーが電子の運動に影響を与え、それによって光が吸収されて色が見えるようになる。

衣類に色を付けるには染料を用いる。染料が特定の波長の光を吸収することによって発色することになる。染料分子には発色させる原子の組み合わせ（グループ）があり、発色団ともいわれている。また、分子中には電子が動きやすいように二重結合を持っている。専門的になるので詳細は省くが、-C=C- や -C=N- あるいは -N=N- などのグループがあると発色するし、また分子内にベンゼン環（⌬）を持つことは発色を容易にする。

ただ、どんな色になるかは予測が難しい。実験してみないと分からないことがある。上記のように染料の色は分子構造によって変化するが、染料を混ぜ合わせることも考えればいろいろな染料によって、あらゆる色を出すことができるといえる。

染料を用いて繊維を染めるには、染料の水溶液に繊維を浸して染料を繊維に浸み込ませる。この浸み込む過程は固体内の拡散現象であるが、まんべんなく染料が行きわたるには拡散に十分な時間が必要となる。また、一度染めたら、洗濯などで色が抜けないように繊維と染料が強く結合することが望まれる。染料と繊維の結合は、物理的な吸着も利用されるが、化学結合を用いた方が色抜けの可能性が小さいので望ましい。例えば、綿などのセルロースの場合はセルロースの -OH 基を利用して、染料の -OH 基との間に -O- 結合を作って結合させたり、セルロースの -COOH 基と染料の $-NH_2$ 基とから -CONH- 結合を作って結合させることができる。ナイロンは -CONH- 結合を利用して製造されるが、末端にある $-NH_2$ 基や -COOH 基を利用できる。-CONH- 基も O が負に、N が正に電荷が偏るので、それを利用して染料と結合させることもできる。

また、アミノ基 $-NH_2$ が正に荷電しやすいので、染料に $-SO_3$ 基があれば染料の負の電荷と静電気的に結合させることもできる。ナイロン末端の -COOH 基は解離して負に荷電するので、これも利用できる。さらに、羊毛などはタンパク質なので -CONH- 結合から成り、ナイロンとよく似た化学的性質を持つ。ポリエステルは -CO- や -COOH 基を利用して、染料の $-NH_2$ や -N=N- などの正に荷電しやすい官能基と静電気的な結合ができる。

染料の話題は発色や化学結合などの課題に有機化学の粋を集めたもので、染料の発色や繊維との親和性を研究するのは大事なことである。

## 8　発泡タイプの入浴剤の仕組みについて

入浴する際に、泡を一杯にした浴槽に体を沈めるシーンを映画やテレビの画面などで見ることがある。浴槽を泡で一杯にするにはその目的に適した入浴剤を使用する。そのような入浴剤は重曹（炭酸水素ナトリウム）が成分として入っている。

重曹は酸と反応して二酸化炭素を発生する。この二酸化炭素が水中では泡となって出てくるので、浴槽が泡だらけになるのだ。二酸化炭素により血管が膨張して血行が良くなり、体がほぐされる気分になる。

酸は液体ではすぐに反応してしまい、商品にならないので固体の酸を用いる。固体酸は水に溶けて水素イオンを出すので、これが二酸化炭素を発生させる素になる。固体酸としてはリンゴ酸（融点130.8℃、ラセミ体の場合)、フマル酸（融点300℃）やコハク酸（融点188℃）などがある。これらの酸と重曹が水中で反応して二酸化炭素を発生し泡が出る。

反応式は一般には以下のようになる。

$$NaHCO_3 + H^+ \rightarrow Na^+ + CO_2 + H_2O$$

フマル酸分子の場合を分子式で書くと次のようになる。

$$2NaHCO_3 + HOOC\text{-}CH{=}CH\text{-}COOH \rightarrow$$
$$NaOOC\text{-}CH{=}CH\text{-}COONa + 2CO_2 + 2H_2O$$

なお、この種の反応は塩素系漂白剤の成分である次亜塩素酸 NaClO に酸を混ぜると塩素が発生して危険であるが、それと同様のメカニズムによる。

ところで、ハンドソープなどで容器から液体を出すと泡状の石鹸液が出てくるが、これは水の表面張力を小さくする界面活性剤を調合して含ませてあるので、重曹によるものではない。シャボン玉を作るのと同じ原理で、空気と液体を上手に混ぜて細かい網を通すことにより界面活性剤の効果で発泡させている。泡は二酸化炭素によるものではなく空気の泡である。

## 9 熱で髪の毛が変色するのはなぜか

髪の毛の色はドライヤーなどで熱を加えすぎると茶色に変色する。また、プールで長時間泳ぐ水泳部員も、髪が茶色く変色する。髪の毛の色は、髪に含まれるメラニンという物質の色であり、黒色だ。メラニンは日焼けすると皮膚にも生成して、メラニン量が少なければ皮膚の色は元の色と合わさって茶色に、ひどく日焼けするとメラニンの色が強くなって黒色になってくる。

メラニンの分子構造はベンゼン環やインドール環などの芳香族二重結合環を主体としており（正確にはユーメラニンといわれる）、二重結合は容易に酸化されて変化する。ユーメラニンが壊れていくと黒い色が次第に失われていく。すなわち、髪が塩素、熱や紫外線を受けると、ユーメラニン分子が酸化されてユーメラニンの色は消えてゆく。

なお、毛髪にはフェオメラニンというユーメラニンよりも化学的に安定な赤色系色素も含まれていて、ユーメラニンが破壊されてその色が無くなるとフェオメラニンの色が強調されてくるので、髪が赤みがかった茶色に変色してくる。これが元々黒い髪の毛の色が熱、紫外線や塩素系滅菌剤で茶色に変色する理由なのだ。ただし、フェオメラニンのみでその濃度が低い人は金髪になるということだ。

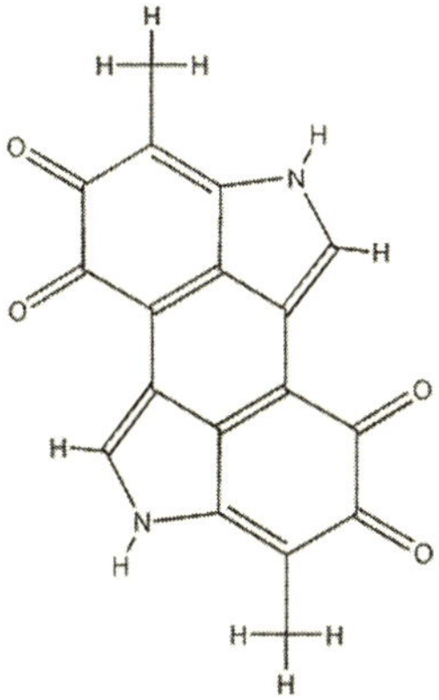

**ユーメラニンの化学構造の基本形**

実際にはタンパクに結合したり、ケトン基が水酸基やカルボキシル基になったり、この単位が重合してつながったりしてこれよりも複雑である。
出典：https://www.chemicalbook.com/CAS/20180808/GIF/8049-97-6.gif

## 10 縮毛矯正で直毛になる仕組みについて

髪の縮(ちぢ)れにはいろいろなタイプがある。ゆるやかな波のような縮れ、細かく巻いた縮れ、ねじれたような縮れなどいろいろである。主な原因は先天的なもので、毛根の中にある毛髪を形成する組織の“毛球”から、毛母細胞が毛根の中を伸びて毛になるが、その際に毛根の中の毛の通り道の断面が円でなくていびつな場合に毛が縮れて出て来る。縮毛の断面を見るときれいな円でなく、へこみがあるいびつな形をしている。このような毛根の状況は遺伝子によって決まるので、先天的な縮毛になる。

では、縮毛を直毛にするにはどうすればよいだろうか？毛髪の組成は大部分がケラチンというタンパク質から成り立っている。癖を直すには、ケラチンの立体構造をある程度分解して直毛にした後、立体構造を再生することが必要になる。

ケラチンはシステインというイオウを含んだアミノ酸残基（ペプチド結合によりつながっている、タンパク質を構成するアミノ酸のこと）を持っている。このシステインのイオウがS-S結合（ジスルフィド結合）して立体構造を安定化している。まず、S-S結合を切るには還元剤を使用する。これにはチオグリコール酸などが使われるようだ。切れたS-S結合は2つの -SH 基に分かれる。アイロンで直毛にしたら、その状態で -SH 基からS-S結合に戻して立体構造を安定化するために酸化剤を使用する。例えば臭素酸ナトリウムが使われる。

還元剤、酸化剤は、共にあまり強力なものは毛髪にダメージを与えるので、弱い還元剤、酸化剤が選ばれている。

縮毛の矯正にも化学の理解があると便利だと考える。

## 11 あくびはどうしてうつるのか

あくびは眠い時、ぼんやりしている時、退屈な時などに起きる。一緒にいる人があくびをすると、それが近くにいる人に伝染することがある。それはなぜだろうか？

あくびは脳内にドーパミンやセロトニンなどの神経伝達物質が生成され、その刺激により起きるとされている。大きな口を開けて息を吸うので、脳に酸素を供給するメリットがある。また、眠い時に眠気を飛ばす作用（覚醒作用）があるとされる。

あくびは同じ環境、状況にいる人にうつるといわれるが、ヒトだけではなく、犬や狼、ヒヒなどでもあくびはうつるということである。犬の遠吠えも似た現象で、一匹が遠吠えすると近くにいる別の犬も遠吠えすることがよく観察される。

あくびがうつるのは、近しい人同士で起こることが多いので、共感することが原因ということである。眠い時には、近くにいる人があくびをすると自分も眠く感じる。退屈な時にも同じ共感現象が出てくる。結局は脳の働きで「そうだね」と共感して、あくびがうつるということだ。

あくびをする時に声を出す人がいるが、不快だという意見が多く、その時は「共感」がないので伝染はしない。声を出さずにあくびをすることで深呼吸をするのがよさそうだ。

# 12 水道水の滅菌について

この項目は『身のまわりのやさしいサイエンス』の117ページにも書いたが、滅菌について少し詳しく記すことにする。

水道水を家庭に供給するには、滅菌を行う必要がある。滅菌の方法には、大きく分けて塩素法、オゾン法および膜法がある。これらについて説明しよう。

古くから滅菌に用いられて来たのは塩素とその化合物である。水道水の滅菌には塩素ガスを水中に吹き込むことが行われている。塩素は水中では $Cl_2$ として溶解するほかに、$Cl^-$ イオンや $Cl_3^-$ イオン、HClO（次亜塩素酸）など種々の形態で溶解する。強い酸化作用があるので、滅菌効果がある。次亜塩素酸ナトリウム NaClO も手ごろな酸化剤なので、水道水の滅菌に用いられている。塩素や次亜塩素酸ナトリウムは有機物も酸化するが、トリハロメタンという有害物を生成するので、あらかじめ吸着装置により有機物を除去した方がよい。ハイター® という商品をはじめとして、家庭でも殺菌、脱色用に用いられている。なお、次亜塩素酸ナトリウムはアルカリ性である。酸と反応すると有毒の塩素ガスを生成するので注意が必要である。

塩素は水中にわずかに存在する有機物と反応してトリハロメタンなどの有害物を生成することがあるので、最近ではオゾン $O_3$ を使うようになってきた。オゾンも活性酸素を放出して強い酸化力があるので、塩素と同様に滅菌効果がある。

塩素を使わないので、トリハロメタンなどの塩化物を生成することがない。

以上は、化学剤で滅菌する方法であるが、物理的に細菌類を除去する膜分離という方法もある。細菌を除去するには限外沪過（ろか）膜が用いられる。膜には、膜にある孔の直径により沪過する対象物の大きさが異なり、それぞれ区分された名前が付けられている。それらの違いを以下に図示しておく。

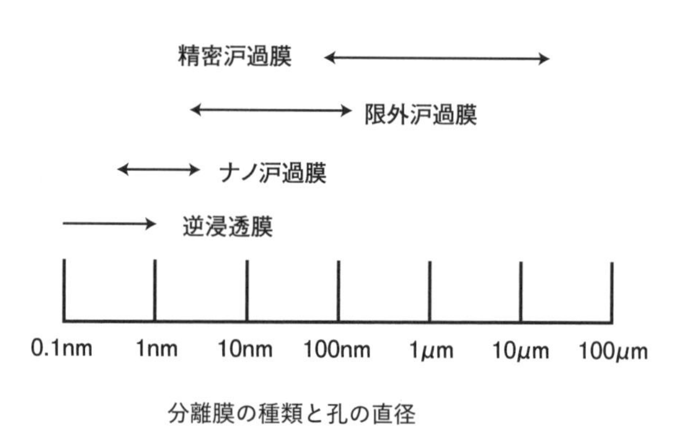


分離膜の種類と孔の直径

# 13 身のまわりの温暖化対策



地球温暖化の影響は広がっている。一例として、日本の南の海水温が高くなって、空気中の水蒸気が豊富になり、大雨や強い台風が発生している。夏の気温が高くなるのも地球温暖化の結果の一つだ。

また、生態系にも変化が見られる。たとえば、従来西日本でしか見られなかったクマゼミが関東地方でも鳴くようになった。昆虫の世界でも、デング熱やマラリアなどを媒介する蚊は従来南の国でしか生息しなかったが、これからは日本でも生息する可能性があるといわれている。

北極や南極の氷が溶けて海面が上昇し、島国では陸地が減っていくことも知られている。イタリアのヴェニスで、大潮(おおしお)の時に海面が上がって街が水浸しになったのは有名だ。この他、食物の生産や水産漁獲にも影響が見られている。

地球温暖化はどうして起きるのだろうかということについては『身のまわりのやさしいサイエンス』の 20 ~ 21 ページに書いてあるので参考にして欲しい。そこには、二酸化炭素などの温暖化ガスの排出が多いと地球の温室化が起きて温暖化が進行すると記載している。では、身のまわりで温暖化を防ぐためにはどうすればよいのだろうか？

温暖化は二酸化炭素が空気中に増えることで進行するため、まずは二酸化炭素をできるだけ排出しないようにすることが重要だ。身の回りにある二酸化炭素の大きな排出源の一つは自動車だ。最近の自動車はかなり燃費がよくなっているので、昔に比べれば二酸化炭素の排出量が少なくなっているけれど、それでもやはり二酸化炭素を排出する。ガソリン車ではなく、電気自動車EVの場合、それ自身は二酸化炭素を出さない。［ただし、電気を生産するのに火力発電を用いると燃料（石炭、ナフサなど）を使うのでそこで二酸化炭素を排出する。一方、火力でなく太陽光や風力、水力、地熱を使って発電すれば二酸化炭素の排出はほとんどないと言ってよい。バイオマスも二酸化炭素を循環するので二酸化炭素排出量は無視できる。］ガソリン車が燃料を燃やして走行するのに比べれば、電気自動車の二酸化炭素排出量はかなり少なくて済むので、結論として電気自動車の普及は地球温暖化の防止には好ましいことである。

ところで、家庭でも生活に電気を使用するが、この場合、家庭電化製品も性能がよくて消費電力の少ないものを使用すると、発電所の負荷が小さくなって二酸化炭素の排出が減少する。エアコンや冷蔵庫を消費電力の小さいものに変えることは重要だ。旧式の機器を新しいものに代えると消費電力を節約できることが多い。電気製品の消費電力が何ワットかを知って、できるだけ電気を節約することが望ましい。太陽電池を屋上に取り付けて太陽エネルギーを電気に変えて利用するのも地球環境にはよいことである。暖冷房の際に、家の外に暖気や冷気が逃げないよう、壁や窓を通して熱が伝わらないようにすることも大事で、断熱効果のある窓や壁にすることも大切だ。窓を二重窓にしたり、熱を伝えにくい材質のガラスにしたり、壁については断熱材（だんねつざい）を厚くするのは一つの方法である。

なお、昔使われた石炭ストーブや薪（まき）ストーブは二酸化炭素を排出する。観光の分野で人気のある蒸気機関車SLも二酸化炭素を大量に出すので、環境保護の立場からは好ましくない。

二酸化炭素を吸収して光合成を行う樹木を育てることは、空気中の二酸化炭素を減らす一つの方策であり、植林を進めることが望ましい。規模は小さいが、趣味の園芸、特に無農薬園芸も、地球環境の保護に少しは役立っていると言える。

地球温暖化を防ぐため皆が協力し合って、身近な対策から心がけて行うようにすることが、地球の持続可能な将来に向けて大切であろう。

# 14 ゴミの埋め立てについて

ゴミは様々なところから発生する。家庭から出るもの、商店から出るもの、工場や建築現場から出る産業廃棄物などである。その種類は家庭などからの可燃物、プラスチック廃棄物、鉄や金属類、コンクリートなどの不燃物というように多種多様である。これらは分別されてリサイクルできるものは再利用されて最終ゴミにはならない。しかし、燃焼したあとの灰や、どうしてもリサイクルできないものも非常に多量に出てくる。これらは、いわゆる最終ゴミであるが、埋め立てにより廃棄するしか方法がない。日本全体ではこのような最終ゴミの量が年間4,000トン発生するということである。

ゴミを埋め立てる場合、ハエや害虫、病原菌の発生を防がなければならない。埋め立て孔を深く掘り、3ｍほど埋めたら、50㎝くらいの土壌で覆って悪臭が出ないようにして、これを何層にも繰り返し積み上げる。空気を流通させて微生物を繁殖させ、発酵により浄化することもある。必要により、そこからの浸出液を滅菌浄化処理することも行われる。

ゴミの埋め立て地は自治体によって陸地または海が選ばれる。東京や大阪では湾の比較的浅い場所に埋め立てて陸地を広げている。このような埋め立てのできる海や湖がない所では、陸上に巨大な穴を掘って埋め立てをすることになるが、このような場所はどこでもよいわけではないので、埋め立て候補地は限られている。埋立地がゴミの埋め立てで一杯になると別の場所を探して埋立地にする必要がある。しかし、その適地はあと 30 年後には見つからなくなるおそれがあるということである。そのようなことが起きるのをなるべく遅くするには、ゴミのリサイクルを進めて、最終ゴミの量を減らす努力が欠かせない。資源の保護、環境への配慮の他に、上記のように埋め立て地の問題があるので Reduce, Reuse, Recycle（ゴミを減らす、再利用する、リサイクルする）の 3R は大事なことである。なお、3R に Refuse を加えて 4R とすることもある。Refuse とは、「断る」ということであるが、例えば不要な包装などを断ってゴミの量を減らすということである。環境保護の立場からも 3R、4R の取り組みは重要である。

# 15 ゴミのリサイクルについて

家庭から出るゴミにはいろいろある。台所から出る生ゴミ、プラスチックの廃棄物、金属類の不燃ごみ、壊れた電化製品、紙類、庭の草や木の枝など、生活すると多くのゴミが出てくる。これらの処理について考える。

生ごみや草木類など燃える物は普通焼却炉で燃やして処理する。ただし、これには燃料が必要だ。ゴミに水分が多いと水の蒸発に大量の熱を消費するので、燃料を多く使用する。したがって、ゴミを捨てる際には水分をなるべく少なくすることが望ましい。燃料費は税金から支払われるので、税金を節約するためにも水分を減らした方がよい。他の処理法としては家庭や農園で微生物を利用して生ごみを分解処理するコンポストという方法もある。処理に時間がかかるが、処理されたものは土壌として使われるので、環境にやさしい方法といえる。

プラスチック類は焼却する場合もあるが、粉砕してから元の中間原料に戻してリサイクルすることも行われている。ポリエチレンテレフタレート（PET）ボトルの場合には、回収したものをよく洗浄して細かく粉砕する。かなり状態がよければこれらを溶融（ようゆう）して棒状粒子（ペレット）にして、さらにそれらを溶融成型してボトルにすることができる。状態がよくない（汚れがある）ものは、加熱分解して中間原料のテレフタル酸を得て、テレフタル酸とエチレングリコールの重合反応によりポリエチレンテレフタレートとして回収する。

加熱分解には副反応もあるので、100%回収されるわけではないが、有効な手段である。

ポリエチレン、ポリスチレン、ポリプロピレンなどのうち着色されていないもの、色の薄いものはPETと同様に、溶融してペレットに再生できる。スーパーなどで食品に使用されているトレイの類はこの方法で再生できる。建築資材にもこのようにして再生できるものが多いそうだ。この方法で再生できない物は熱分解して原料に戻してから、化学反応でモノマー、さらにポリマーにしてプラスチック製品とする。ただし、この方法ではいくつかの工程を経るので、やはり100%の回収にはならない。また、物質として再生しにくい物は、燃焼して熱エネルギーを回収することになる。プラスチックは発熱量が大きいので、それなりに有効である。

紙類のゴミは集積後に水でばらばらの繊維状に分解して水に懸濁（けんだく）させてから、漉（す）き直して再生紙を作る。その際、水溶性の染料は水で洗い流されるので、再生したものの色は無くなる。あるいは塩素系の酸化剤で処理して脱色することもできる。時には木材から作製したパルプを一部混ぜることもあるが、古紙からの繊維を使うことによりパルプの消費量を少なくできるので、資源の節約になる。さらに、牛乳などの紙パックはトイレットペーパー等になり、古い新聞は新聞紙に、古い段ボールは段ボールに再生される。

パソコン、スマホやテレビなどの電気製品もリサイクルされて、そこから貴重な金属を回収することができる。ゲルマニウムに代表される希土類金属や、金や銅などいろいろな金属が回収されるので、金属資源を採取する鉱山にちなんで都市鉱山などと呼ばれることもある。廃棄物から金属を分別した後に種々の工程を経て再利用するが、分別が容易でない場合には、酸で溶解した後に溶解した液から有機系の薬剤を用いて金属イオンを抽出し、資源として再生する。

ついでながら、廃車した自動車からもほとんどの有用材料が回収され、リサイクルされている。資源が少ない日本では資源の節約と共に、廃棄物からの資源の回収は大事なテーマである。

# 16 レアメタルのリサイクルについて



パソコン、スマートフォンその他多くの電子機器に使われる半導体の原料となるレアメタルのリサイクルについて考えてみよう。レアメタルとは地球上における希少金属元素であるが、周期表の希土類元素（イットリウム、ランタンなど）の他にもジルコニウムやゲルマニウムなどを指すことが一般的である。時には、白金、ニッケル、コバルトなどまでも含むこともあり、広く解釈されることが多い。

さて、レアメタルのリサイクルであるが、廃棄物として回収される時は容器や基盤に取り付けられているので、これらを先ず破砕して金属部分を分離する必要がある。機械的に篩（ふるい）で分けることも行われる。その後、鉄は磁石で分離し、またアルミニウムは比較的軽いので発泡剤や油などで気泡を発生させた水中に浮遊させて選鉱する（浮遊選鉱）。多くの非鉄金属は溶融して融点により分離したり、溶融した物を電気分解して電極に析出する金属を収集する（乾式精錬）。

また、酸類や青化ソーダ$NaCN$に溶かしてから精錬する湿式精錬もある。この場合、イオン交換、吸着、溶媒抽出、沈殿分離法などの方法がある。いずれにしても、レアメタルは含量が低いので、分離精製は容易ではなく、収率も高くはないのでエネルギーや費用もかかるが、資源の保護や環境の維持には必要な技術である。

また、鉱山における精錬においてもそれぞれの金属の分離精製が容易ではないことには変わりがないので、資源のない日本においてはリサイクルによるレアメタルの生産は大いに進めるべきであろう。物質材料研究機構のレポートによると、廃棄物中のレアメタルの蓄積量は日本全体を合わせれば、それぞれの金属に対して世界の埋蔵量のおおよそ10%もあるということである。今後の技術開発の進展を期待したい。

| 周期 | アルカリ族 | アルカリ土族 | 希土族 | チタン族 | バナジウム族 | クロム族 | マンガン族 | 鉄族（4周期）白金族（5・6周期） | | | 銅族 | 亜鉛族 | アルミニウム族 | 炭素族 | 窒素族 | 酸素族 | ハロゲン族 | 不活性ガス族 |
|---|---|---|---|---|---|---|---|---|---|---|---|---|---|---|---|---|---|---|
| 1 | 1H 水素 | | | | | | | | | | | | | | | | | 2He ヘリウム |
| 2 | 3Li リチウム | 4Be ベリリウム | | | | | | | | | | | 5B ホウ素 | 6C 炭素 | 7N 窒素 | 8O 酸素 | 9F フッ素 | 10Ne ネオン |
| 3 | 11Na ナトリウム | 12Mg マグネシウム | | | | | | | | | | | 13Al アルミニウム | 14Si ケイ素 | 15P リン | 16S 硫黄 | 17Cl 塩素 | 18Ar アルゴン |
| 4 | 19K カリウム | 20Ca カルシウム | 21Sc スカンジウム | 22Ti チタン | 23V バナジウム | 24Cr クロム | 25Mn マンガン | 26Fe 鉄 | 27Co コバルト | 28Ni ニッケル | 29Cu 銅 | 30Zn 亜鉛 | 31Ga ガリウム | 32Ge ゲルマニウム | 33As ヒ素 | 34Se セレン | 35Br 臭素 | 36Kr クリプトン |
| 5 | 37Rb ルビジウム | 38Sr ストロチウム | 39Y イットリウム | 40Zr ジルコニウム | 41Nb ニオブ | 42Mo モリブデン | 43Tc テクネチウム | 44Ru ルテニウム | 45Rh ロジウム | 46Pd パラジウム | 47Ag 銀 | 48Cd カドミウム | 49In インジウム | 50Sn スズ | 51Sb アンチモン | 52Te テルル | 53I ヨウ素 | 54Xe キセノン |
| 6 | 55Cs セシウム | 56Ba バリウム | 57〜71 ランタノイド | 72Hf ハフニウム | 73Ta タンタル | 74W タングステン | 75Re レニウム | 76Os オスミウム | 77Ir イリジウム | 78Pt 白金 | 79Au 金 | 80Hg 水銀 | 81Tl タリウム | 82Pb 鉛 | 83Bi ビスマス | 84Po ポロニウム | 85At アスタチン | 86Rn ラドン |
| 7 | 87Fr フランシウム | 88Ra ラジウム | 89〜103 アクチノイド | | | | | | | | | | | | | | | |

：レアメタル
：希土類元素

| ランタノイド | 57La ランタン | 58Ce セリウム | 59Pr プラセオジム | 60Nd ネオジム | 61Pm プロメチウム | 62Sm サマリウム | 63Eu ユウロピウム | 64Gd ガドリニウム | 65Tb テルビニウム | 66Dy ジスプロシウム | 67Ho ホルミウム | 68Er エルビウム | 69Tm ツリウム | 70Yb イッテルビウム | 71Lu ルテチウム |
|---|---|---|---|---|---|---|---|---|---|---|---|---|---|---|---|

軽希土 ←→ 重希土

レアメタル・希土類元素一覧表

出典：経済産業省非鉄金属課／同・鉱物資源課
「レアメタル・レアアース（リサイクル優先5鉱種）の現状　2014年5月」(p.1)

# 17 新幹線はどうして速く走れるのか



新幹線は在来線よりも速く走る。在来線の最高速度は約120 ~ 130km/h である（ただし、京成スカイライナーは160 km/h）が、新幹線の場合は東北新幹線の320km/h が最高速度である。

新幹線の速さの理由の一つとして、動力源となるモーターが挙げられる。新幹線のモーターは強力で、軽量のものが使われている。新幹線は交流で 25,000V の電圧、在来線は直流で 1,500V、交流で 20,000V が多く使用されている[1)]。また、在来線では全ての車両ではなく一部の車両にモーターがついているが、新幹線は全部の車両にモーターがあるので、合計して大きな駆動力（くどうりょく）になる。

また、新幹線の台車や車体は軽量になるように工夫されているし、車体の形状は流線形で走行中の空気抵抗を最小にするように設計されている。在来線の車体に比べて先頭の形がかなり違うのが分かるであろう。さらに、車両と車両のつなぎ目も最近ではシールで滑らかにつながるようにして凸凹をなくし、その部分での空気の抵抗を少なくしている。その他、

1）直流モーターは低速回転で強い力を出すので、電車を動かすのに適しており、電車のモーターに直流モーターが歴史的に利用されてきた。一方、交流では容易に電圧を変換できるので送電に便利な点があり、送電には交流が利用されてきた。最近ではモーターが強力になって電車の出発にも交流モーターが使用できるようになったこともあり、わざわざ直流に変換せず交流モーターで電車を動かすことも行われている。ただし、直流送電は電力の損失が少ないため、最近では直流送電を支持する論議があることを留意する必要があろう。

電気を架線から受け取るパンタグラフも小さく軽くして、走行中の架線との接触抵抗を極力小さくする工夫もなされている。

車輪の幅は在来線が狭軌（きょうき）といって３フィート６インチ（1,067㎜）であるのに対し、新幹線は標準軌道の４フィート 8.5 インチ（1,435㎜）となっている。鉄道の始まりは英国で、それを元にフィートで決められた国際規格を採用しているので、メートル法では中途半端な数字となっている。新幹線は車輪の幅が大きいのでスピードを出しても脱線する危険が小さくなる。新幹線のレールはロングレールといって、レールを溶接して継ぎ目がない状態になっている。これも運行中の振動を少なくするのに役立っている。線路は砂利を下に敷き詰めずにコンクリートで固定し、また一般に地面よりも高くして外から人が入らないようにして、安全に気を配っている。

以上のように、いろいろな工夫が凝らされていて新幹線は高速運行を行うことができる。日本の新幹線は最高時速が 320㎞ /h であるが、これはフランスやドイツの最高速度とほぼ同等である。筆者は中国の上海―南京間の高速鉄道の完成後間もなく乗車したが、350㎞ /h の速度で日本よりも速いと感じたことを覚えている。ただし、速さと同時に安全性も重要なので、速度の競争はあまり意味がないかも知れない。

# 18 EV（電気自動車）について



地球温暖化対策の一つとして二酸化炭素を排出しないEVが注目されている。EVとはElectric Vehicleの頭文字を取った略号で電気自動車のことである。電気自動車は動力に電気を用いるので、ガソリンやディーゼル油を用いる自動車とはエネルギー源が異なっている（なお、『身のまわりのやさしいサイエンス』36ページには自動車のエンジンの話があるので参考にして欲しい）。EVの場合には電気で回すモーターの回転を車輪に伝えるだけなので、どちらかと言えばガソリンエンジン車よりも構造が簡単である。

EVに用いるモーターは電車などによく用いられる直流モーターも使用できると思うが、実際には交流モーターが多い。これは交流の方が電圧の調整が楽に行われることと、また直流を高電圧で用いることの危険性を考慮しているものであろう。しかし、充電するのは直流なので、これを交流に変換する必要がある。一般には三相交流（前掲書34ページ参照）にして動力に用いるが、三相交流への変換と電圧制御には電子回路を用いるインバーターという装置が使われる（前掲書32ページにもモーターの話がある）。

モーターの電圧を制御することによって回転数も制御できる（電圧を上げれば回転数も上がる）ので自動車の速度も制御できる。アクセルペダルを踏めばモーターの回転が上がり、車の速度が上がる点はガソリンなど内燃機関車の運転法と同じである。また、インバーターによって自動車の走る速度が制御できるが、実際には更に効率よく変速できるように変速ギアも付いている。モーターでは速度の変更範囲が広いので、ギアは２段変速で十分である。

また、減速時にはモーターが発電機の役割をして電気をバッテリーに戻すことができ、これが車の走行の抵抗になるのでエンジンブレーキの機能も強力である。

EV は $CO_2$ を発生しないが、電気を作るために発電所で大量の $CO_2$ を出すようでは地球環境改善にさほど効果的でない。やはり、発電に再生可能エネルギーを用いることが望ましい。

# 19 電波時計はどうして正確な時間を刻めるのか

正確な時計として電波時計が知られている。これは毎日標準電波を受信して時間合わせをしている為でもある。標準電波というのは、セシウム原子の振動数（1秒間に約92億回という細かい振動）を数えて1秒の長さを決めて、それを基準にして時間を計る。原子時計といわれるもので、これが標準の時間として電波で送られてくる。日本国内では日本情報電波研究機構が英国グリニッジの世界標準時からの時差9時間を基に標準時を決めて、東西2ヶ所の標準電波送信所から40kHzと60kHzの長波で標準時間を送信している。したがって、その電波を受信して自動的に時計の時刻を合わせれば電波時計は正確な時刻を示すことになる。多くの場合、自動的に1日1回電波を受信して時刻を合わせている。

なお、東西2ヶ所から電波を送信しているので日本全国をカバーできるが、二つの電波が届く中央の地域では同じ周波数の電波が重なって波の干渉が起こり電波が弱まるおそれがある。したがって、東と西の送信所から送信する電波の周波数を違えて互いに干渉しないようにしている。

ただし、正確な時刻を得るためには電波を雑音なしに受信することが必要である。周辺に電波を発信するものがないことが望ましい。地球を回る人工衛星にも原子時計が搭載されていて、そこからの電波を受信して時計を合わせることもできる。GPSソーラーウォッチとも言われる。

原子時計とは別に水晶振動子を用いるクォーツ時計があり、

腕時計などに広く利用されている。水晶は電気回路に組み込むと振動し、その振動数は32,768Hzでセシウムに比べるとかなり小さいが、むしろ計測しやすく安価であるメリットがあるので、一般に使用されている。水晶の純度や周囲の温度によって時間に誤差が生じるので、長時間の使用後には適宜時間合わせをする必要がある。また最近では、アインシュタインの相対性原理を応用した光格子時計の研究が進んでいて、これが現在では最も正確であるといわれる。

# 20 赤外線温度計の仕組みについて

物の温度を測るには、温度計を接触させて温度計と対象物の温度を同じにして測定する方法が、一般に行われている。これは接触式温度計（あるいは接触温度計）と呼ばれる。一方、高温の物体であったり、接触しにくい位置にあったりして、温度計と対象物を接触させることができない場合もある。この時には非接触式の温度計が使われる。ここでは非接触式温度計として用いられる赤外線温度計について説明する。

まず、物体はその温度に応じて赤外線を放射していることについて説明しよう。物体を形成している物質の原子は絶対温度零度（0K）では静止しているが、温度が上昇すると振動する。それによって原子核の周りをまわっている電子も振動する（正確には電子の双極子モーメントのゆらぎということであるが、詳細は省略する）。この振動によって赤外線が放射される。赤外線は目に見えないが、その波長は780nmから1mmまでと範囲が広い[1)]。赤外線の波長がちょうど分子の振動を起こす値になるので、赤外線が当たると熱を発生して温度が上がる。このように赤外線は熱を伝えるので熱線と呼ばれることもあるが、この赤外線を測れば赤外線を出している物体の温度を測定することができる。

1）Planckの法則による熱放射能の波長分布では、波長1μmから10μmの赤外線からの放射熱が大きくなっている。また、発生源の温度が高い程、波長は短くなる。

赤外線温度計は計器に入って来る赤外線をレンズで検知器に集光して熱を電流に変換する。検知器にはサーミスターと呼ばれる素子があって、これが熱を電流に変換する。対象物体の温度が高いほど、電流が大きくなる。これを電流計で測れば温度が分かるというわけだ。最近では放射される赤外線の波長を解析して色温度を測り、正確な温度測定をするような工夫もなされている。

赤外線温度計は非接触式なので、対象物から距離があっても測定できるが、距離が遠くなると広い範囲の温度を測るので、その物以外の周りの温度も測ってしまう。そうなるとその平均の温度が結果として出て来るので、正確ではなくなる。測定器から50㎝離れた物を測る時は、約2㎝の幅の範囲の温度が測定されるということである。あまり遠い距離での測定には気をつけることが必要だ。なお、最近では体温測定にも赤外線を利用した温度測定器が利用されている。

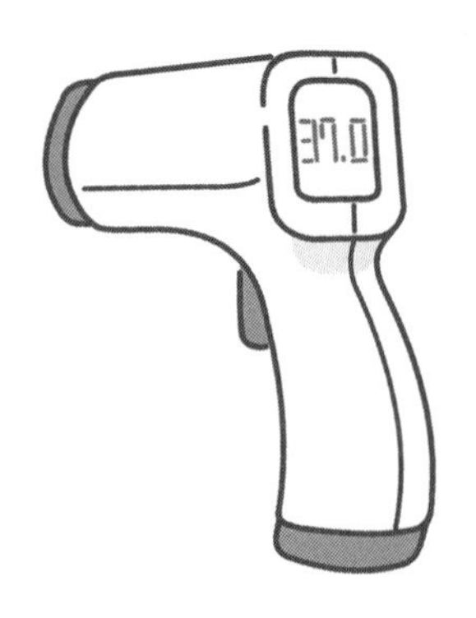

# 21 半導体とはどんなものか

電器製品、自動車その他日常の身のまわりのものの制御に使われている半導体について記すことにする。半導体とは文字通り、導体と不導体（絶縁体）の中間的な素材である。導体は銅、アルミニウムのように電気を通す材料であるが、半導体は温度、光や電圧などを与えると電子が自由に移動できるレベルにエネルギーを得て、電流を通すようになる。半導体にはｎ型半導体とｐ型半導体があり、ｎ型では電子が移動して電流を流すが、ｐ型では電子の抜けた正孔が移動して電気を通す。

ｎ型のｎは negative（負、電子は負の電荷を持つので）を、ｐ型のｐは positive（正）を意味している。これらの半導体の性質は、高純度の炭素族元素のケイ素（シリコン）やゲルマニウムにごく微量の不純物を入れると発現する。不純物として窒素族元素のヒ素やリンなどを入れるとｎ型になり、アルミニウム族元素のホウ素やガリウムなどを入れるとｐ型になることが知られている。

ただし現在、社会的には上記のような素材だけではなく、それらを使った部品も半導体あるいは半導体製品という場合が多い。上記の素材を組み合わせたものとして、ｐ型とｎ型を接合して電流が一方向だけに流れる整流器を作ったり、ｐ型ｎ型ｐ型またはｎ型ｐ型ｎ型と接合すると電流を増幅制御できるトランジスターを作ったりする。さらに、これらを微小基盤の上に電気回路として作ったものが集積回路である。

これは、ICチップや、記憶や計算用のメモリーやプロセッサーとしてパソコンやスマートフォンに利用されるなど、現代社会において広く応用されている。集積回路には小さい物では数nmの寸法の微細な加工がなされている物まであり、その製造技術は世界的な技術開発競争の対象である。一般に半導体製造といわれるのは、このような集積回路の製造までも含んでいる。これはいろいろな物を製造する際に欠かせないため、世界的な半導体不足が問題になる場合がある。

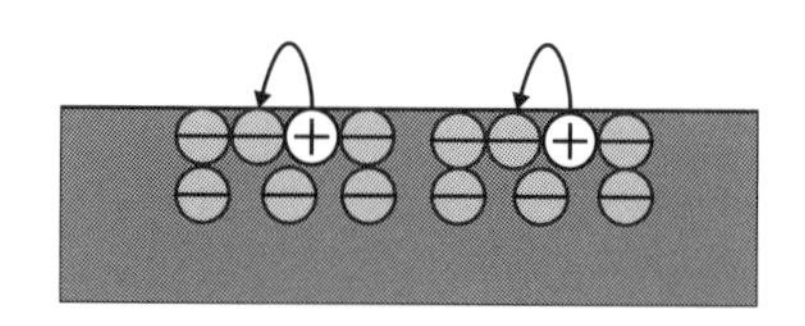

p型半導体における電流の模式図

出典：http://hooktail.sub.jp/solid/hole/index.pdf より一部改変

半導体チップ

# 22 LED はどうして光るのか

今では照明に LED を使うのが一般的になってきた。LED とは Light Emitting Diode の頭文字をつないだもので光を放射するダイオードである。このダイオードは p 型半導体と n 型半導体を接合したものから成っている（半導体の項を参照)。p 型半導体側に＋の電極を、n 型半導体側に－の電極をつないで電圧を掛けると p 型半導体の正孔が陰極（－極）の方に、n 型半導体の電子が陽極（＋極）に、それぞれ反対電荷に引かれて移動する。そうすると p 型半導体と n 型半導体の接合部で正孔と電子が結合して、そこで結合エネルギーを放出する。このエネルギーが熱や光になって放散されるのだ。

ここで、エネルギーが熱になるよりも光になるように、半導体の材料を選定することが重要である。なお、LED の発光には直流電源が必要であるが、普通の交流電源を用いる場合には交流を直流に変える整流回路が照明機器などには備えられている。電球の場合は口金部に整流部を含む制御回路がある。なお別の方法として、p 型半導体と n 型半導体をつなぐ向きを反対にしたものを並列に交流電源につなげば、2 つの LED が 50 または 60Hz の周波数で交互に光り、人の眼には点滅が感知されずに継続して光っているように見える。

LED の色は半導体に用いる材料の種類によって異なる。

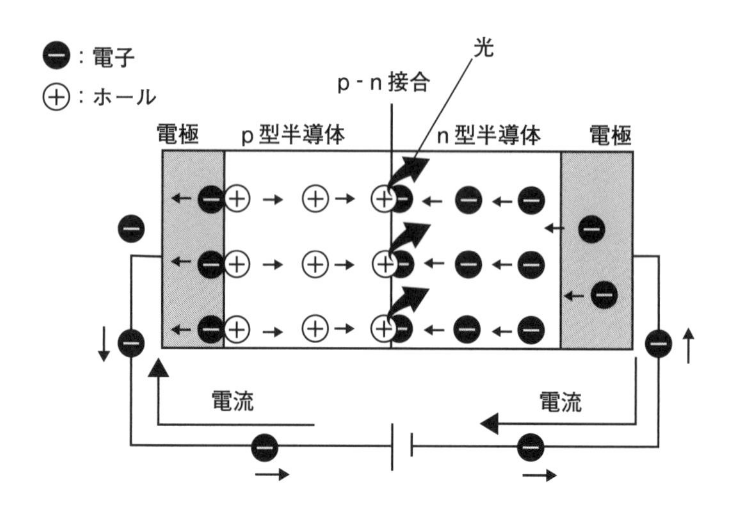


LED の発光原理
出典：https://www.fiberlabs.co.jp/tech-explan/about-led/ より一部改変

一般的には、アルミニウムや窒素を含む場合は波長の短い青色系の光を発光し、インジウムやヒ素を含むと波長の長い赤色系の色になる。赤、青、緑の三原色を組み合わせるといろいろな色に発光する。白色 LED は自動車や自転車のライトによく使われているので、身近に見ることができる。

LED の材料は半導体であり、シリコンと微量の不純物元素から成り立っている。発光しても変化あるいは消耗することはほとんどないので、寿命は発熱電球や蛍光灯に比べて非常に長い特徴がある。また発光効率が高いので、消費電力も少なくこれからの利用がますます伸びるものと考えられる。

# 23 不織布とはどんな布か

コロナウィルスの感染が流行した頃にマスクなどに利用されて身近になった不織布とはどういうものだろうか？　読んで字の如く織らないで作る布である。織物は縦糸と横糸で織って作るが、不織布は織らないで製造する布である。材料は綿や紙と同じセルロースがよく用いられるが、他にも各種高分子材料も用いられる。すなわち綿、羊毛、絹などの天然繊維や、ナイロン、ポリエステル、アクリルなどの合成繊維、ガラス繊維などが使われる。繊維の長さは原料や用途によりいろいろであるが、数mm程度である。これらの繊維を紙漉(す)きのようにシートにして繊維どうしをからませ、これに接着剤をスプレーしたり、熱をかけたりして繊維間を結合させる。このようにして出来るシート状の布を不織布と呼び、いろいろな用途に利用する。

不織布の用途は多様であるが、中でもマスクやおむつは一般の人にも知られている。衣料品やパッドにも使用されるし、ウェットワイパー、フィルターにも用いられる。また、自動車部品や家具、インテリアにも使用されている。不織布はマスクに使用されるように通気性と沪過(ろか)性能のよいことで知られている。フィルターとして 100nm（1nm= $10^{-9}$m、1 mm の 100 万分の 1）の小さな粒子まで除去できる。これはウィルスの大きさに相当するので、ウィルスを除去できることになり、風邪やインフルエンザなどのウィルス性疾患の感染防止に役立っている。

花粉の大きさは20μm ~ 40μmでウィルスよりもかなり大きいので除去は簡単である。雑巾などとして汚れの除去にもよく用いられ、また水切りシート、ティーバッグ、スーツカバーなど意外に身近に見ることができる。

ところで、不織布は加熱して製造する方法の他に、接着剤を使用して製造する方法がある。接着剤は水に弱い場合があるので、不織布を水洗する時には充分そのことに留意する必要がある。不織布は一般の織物と違って、耐久性はあまり無いと考えた方がよい。

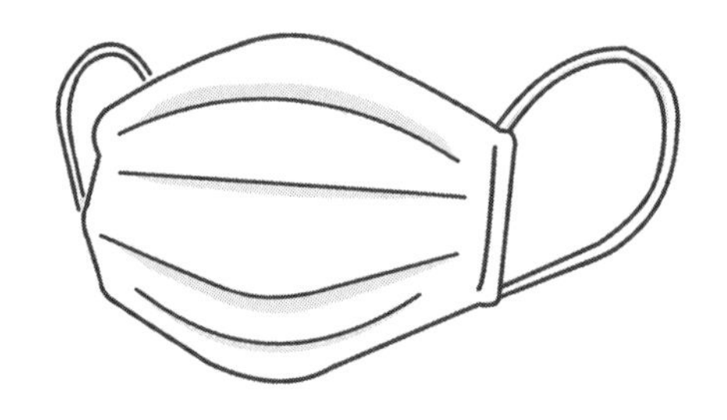

## 24 等高線と等深線はどのように測るのか



海の底までの距離（水深）を示す等深線（とうしんせん）の測り方について説明する。その前に、陸地における土地の海面からの高さを示す等高線（とうこうせん）について説明しておこう。

日本においては東京湾における平均水位を基準として海抜○○メートルという標高（ひょうこう）を定めている。同じ等高線の上にある土地は海からの高さ（海抜）が同じということだ。逆に言えば、同じ海抜の地点をつなげて線を描けば、それが等高線になる。海抜を測定するには、古くから三角測量が用いられている。例えば、ある山の高さを測るのに基準点から山頂までの距離が分かっていれば、山頂を望む角度を測ってそのデータから計算して高さが得られるというわけだ。最近では飛行機からの航空写真を用いて、立体地図を作るソフトも開発されていて、それを用いれば等高線を描くことができる。

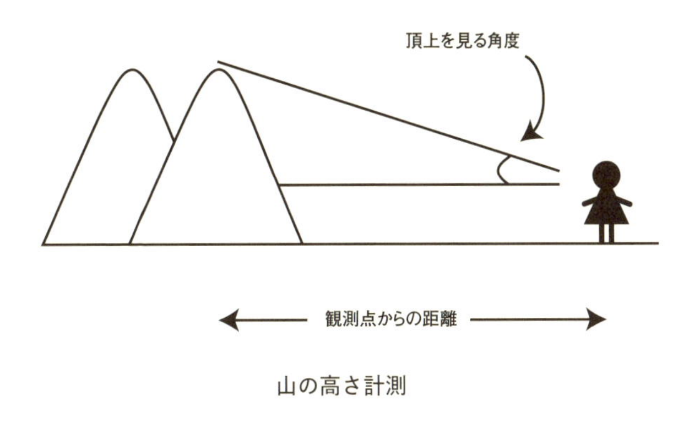


山の高さ計測

次に等深線に移ろう。海や湖の水深を測る一番分かりやすい方法は、船の上から錘（おもり）を下して底に達するまでの深さを測る方法だ。錘が岩などに引っかからず海流がなければ、正確に深さが測定できる。しかしこの方法では、深い海の深さを測るのは無理なので、音波を使ってそれが反射されるまでの時間から底までの距離を測ることも行われている。水中では音速は約 1500 m/s ということだ。この方法はいろいろ進歩していて、シングルビームだけでなくマルチビームを用いて、船の直下のみならず船の左右の地形も測ることもできる。超音波を使う方法もある。また、航空機からレーザーを発射して海底から反射される光（緑色）と海面から反射される光（赤色）の反射時間を測定して水深を測る方法もある。地形を測定するには潜水艇を使うことも考えられる。水深が分かれば、同じ深さの位置を線で結んでいけば等深線を作ることができるのだ。

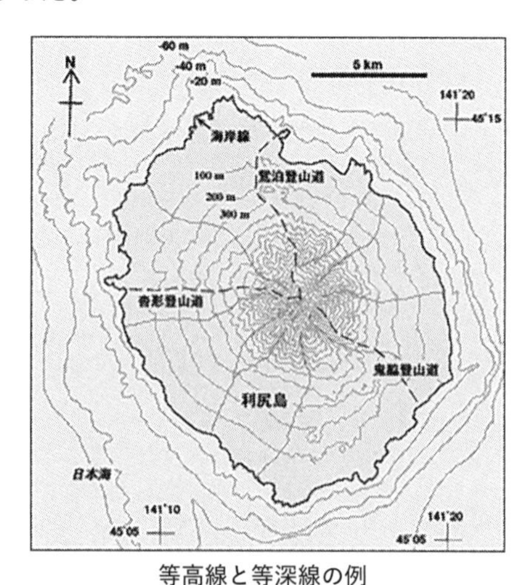


等高線と等深線の例

出典：https://staff.aist.go.jp/y.ishizuka/rishiri/rishiritopograph/rishiritopgraph.html

# 25 テープと粘着剤について

粘着テープにはいろいろある。小荷物の包装に用いるいわゆるガムテープにはクラフト紙を素材として、これに粘着剤を付けたものや、ガーゼ状の布を素材にして粘着剤を塗布したものがある。布テープの場合は油性インクで文字を書くことができる。これと似たものに養生テープというものがある。これは工作やペンキ塗装の際に物を傷つけたり、ペンキが付いたりしないように相手の物を保護し、工作や工事が終われば剥がせることを目的としているので、粘着力は弱く作られている。

簡単な補修にはビニルテープがよく用いられる。これは文字通りポリ塩化ビニルを素材として粘着剤が塗られている。長時間の使用に耐えるが、必要に応じて取り除くこともできるので便利である。様々な色に着色されているので、用途により使い分けることもできて便利であろう。

ところで粘着剤は接着剤とは一般に異なる。接着剤はモノマーと重合開始剤が接着面上で重合して固化する（重合については『身のまわりのやさしいサイエンス』102 ~ 103 ページに記載したので参照して欲しい）。粘着剤は接合する面と親和性がある粘性物質で、接合面どうしを付ける物である。天然ゴム、アクリル樹脂、シリコン樹脂など粘着力のある物質が用いられるが、これに粘着付与材を添加して粘着力のあるテープにしている。その詳細は各企業独自のノウハウとなっている。

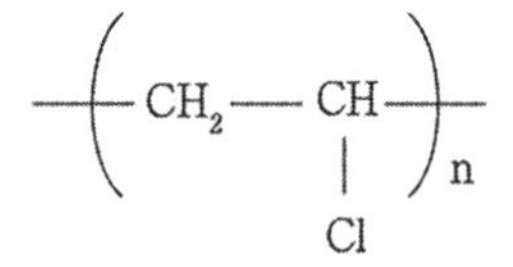
$$-\left(CH_2-\underset{\underset{Cl}{|}}{CH}\right)_n-$$

ポリ塩化ビニルの構造式　n は重合度

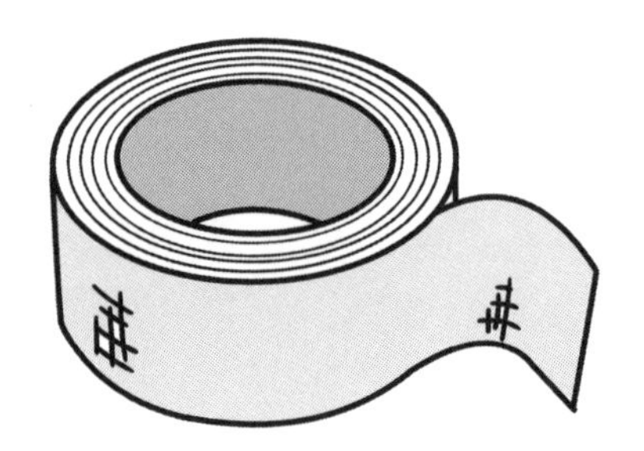

# 26 インクについて



インクはインキとも言われている。インキの語源はフランス語の Enque ということであるが、更にはギリシャ語、ラテン語から来ているという。英語では ink なのでこのスペリングからは、インクとなる。一般には「インク」と呼ばれるが、業界によっては「インキ」が普通に使われている。

古くからペンや万年筆に使われたインクであるが、青色の染料は自然界では藍から取っていた。その後インディゴという化学染料が合成されて使われた。今は種々の合成アゾ染料が開発されているので、これらが使用されている。青黒いインクはこれにタンニン鉄を加えて黒い色を出している。黒インクの色はカーボンブラック（非晶質の炭素）や、黄、青、紫の三原色の染料を混合して黒を出しているが、水になじむように多くの添加材が混ぜられている。

さて、インクには水性と油性のものがある。上述の万年筆のインクは水性である。水性のものは一般家庭で扱いやすいが、紙によってはにじみやすい。一方ボールペンのインクは油性である。油性インクは速乾性で、にじみにくい。油性インクはいろいろな色の顔料を油に溶かしている。黒色は炭素系のもので、グラファイト（２次元に結晶化した炭素）などが用いられる。赤色は酸化鉛、酸化鉄系が多く、青色はフェロシアン化鉄カリウムなどが用いられる。実際は、発色剤は個々のメーカーの機密事項であると言われる。

パソコン用のプリンターインクは写真などのカラーを出す

のに水性インクを用いるが、文字を書くのは油性インクである。紙への浸透をよくするために、アルコール類が混ぜられている。速乾性インクにはアセトン、メチルエチルケトンなどの蒸気圧の高い物質をエタノールに混ぜた溶剤を用いている。さらに、印刷物には顔料インクが使われるのが一般的である。上述のように、これらについても企業の重要な機密事項が多い。

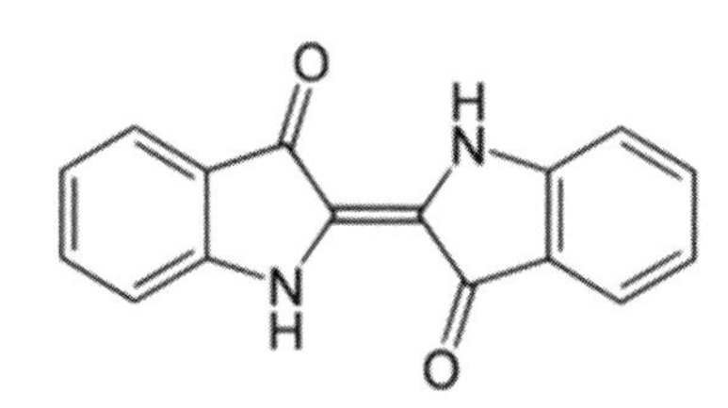


インディゴの構造式

# 27 電池について



電池は日常生活において、いろいろなところで使われている。たとえば、携帯電話、時計、自動車、パソコンなどの電子機器、時刻を記憶する家庭電器など身近な機器に用いられている。基本的には、負荷に電線を通して電流を陽極から陰極に送り仕事に使うエネルギーを供給する。実際には、負の電荷を持った電子が陰極から陽極へ移動するのであるが、電流としては逆向きの陽極から陰極へ流れるというのが電流の定義となっている。

電池の種類には、一次電池と二次電池がある。一次電池は蓄電した電気を消耗してしまうと、その時点で寿命が終わりとなるが、二次電池は充電して再利用することができる。バッテリーとも呼ばれる。腕時計などに使われるボタン電池や、小型機器に用いられる乾電池は一次電池である。携帯電話、カメラや自動車の電池は充電して使えるので二次電池である。

一次電池には、酸化銀電池 SR、アルカリ電池 LR などがある。酸化銀電池では以下の反応が電池内の電極で起こり、電子を陰極から外部に取り出して電流を生成している。電池内部でイオンが移動できるように両極の間には電解質（主に NaOH、KOH を含む溶液。不織布などに染み込ませた固体電解質もある）が挿入されている。

陽極：$Ag_2O + H_2O + 2e^- = 2Ag + 2OH^-$

陰極：$Zn + 2OH^- = ZnO + H_2O + 2e^-$

アルカリ電池では陽極の Ag の代わりに、Mn を用いる。すなわち、

陽極：$2MnO_2 + H_2O + 2e^- = Mn_2O_3 + 2OH^-$
陰極：$Zn + 2OH^- = ZnO + H_2O + 2e^-$

となる。これらは水酸イオン $OH^-$ が電解質中を移動する。

二次電池としては、自動車のバッテリー（鉛蓄電池）と携帯電話など多くの電子機器に用いられる充電式電池（リチウム電池）が知られている。鉛蓄電池は陽極に酸化鉛、陰極に鉛を使っている。その反応式は以下の通りである。

陽極：$PbO_2 + 4H^+ + SO_4^{2-} + 2e^- = PbSO_4 + 2H_2O$
陰極：$Pb + SO_4^{2-} = PbSO_4 + 2e^-$

つまり、陰極で鉛が溶けて電子を生成し、その電子が電線を伝って陽極に行く。これによって電気が電線を流れて、仕事をすることになる。電解液中には硫酸鉛が生成する。

逆に充電する場合は上の逆反応が起きて、陰極では硫酸鉛から鉛が生成し、陽極では酸化鉛が生成する。このようにして正逆反応によって放電と充電を繰り返すことができる。この場合は、硫酸イオン $SO_4^{2-}$ が電解質溶液中を移動している。

リチウム電池は陽極にリチウムを用いる。陰極には、いろいろな種類の金属が用いられるが、二酸化マンガンとリチウムの合金を用いるものが多い。その場合の化学反応式を示すと、以下のようになる。

陽極：$MnO_2 + Li^+ + e^- = MnLiO_2$
陰極：$Li = Li^+ + e^-$

なお、リチウムは水と激しく反応して水素ガスを発生する。リチウムはナトリウム、カリウムなどの元素表上のアルカリ金属に属するからである。このため、電解質としては有機溶媒に金属塩を溶かしたものが用いられる。稀にリチウム電池を誤って使用して火災を生じるのは、この有機溶媒が過熱されて発火する為である。リチウム電池においては、リチウムイオン $Li^+$ が溶媒中を移動する。電子 $e^-$ が電線を伝って電流を流すことは他と同じである。

電池の電圧は陽極と陰極で起きる化学反応の自由エネルギーで決まるが、アルカリ電池などの乾電池ではおおよそ1.5 V、リチウム二次電池ではおおよそ3.7 Vである。自動車の鉛電池は1個では約2 Vであるが、6個を直列にして箱に詰めているものが一般的で、その場合は12 Vとなる。

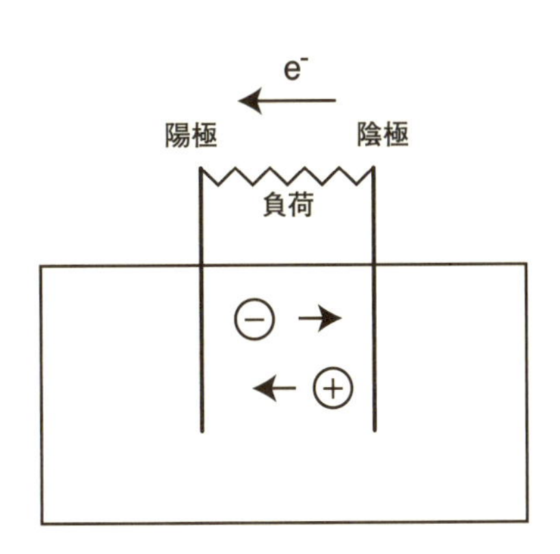


**電池の概念**：電子が陰極から陽極へ流れるが、電流は陽極から陰極へ流れる。図中⊕⊖はそれぞれ陽陰イオンを表す

# 第４章

# 料理のサイエンス

# 1 電子レンジで食品を加熱する仕組みについて

食品を温めるのに電子レンジは簡便である。その原理について説明しよう。それにはマイクロ波について説明する必要がある。電子レンジは強いマイクロ波を発生して、それを食品に当てて熱を発生させている。マイクロ波とは光と同じ電磁波の一種で、波長が1 cm ~ 10cm程度の波を指している。周波数（Hz）は光の速度（約 $3 \times 10^8$m/s）を波長で割ったものだ。したがって、マイクロ波の周波数は $3 \times 10^9$ ~ $3 \times 10^{10}$Hzということになる。$10^6$はメガ（M）で、$10^9$はギガ（G）であるから、3GHz ~ 30GHzの周波数である。比較のためにいくつかの周波数を記すと、ラジオのAM放送は300 ~ 3000kHz（0.3 ~ 3MHz）、FM放送は30 ~ 300MHz、可視光の周波数はおおよそ400 ~ 800THz（Tはテラと読み、$10^{12}$）などがある。（可視光の値は大きすぎるので、波長を用いることが多い。その場合、上の関係を使うと400THzは750nm、800THzは375nmに相当する。）マイクロ波は光に比べると、けた違いに波長が長い。

さて、水に電磁波を当てると水が発熱して温度が上がることが知られている。これは水分子が水素と酸素でできていて固有振動数を持っており、強い電磁波に共鳴して振動することを利用している。その振動のエネルギーは振動が減衰していく際に熱に変換される。それによって水の温度が上昇する。水分子が共鳴して最も強く振動するのは、電磁波の周波数が2.45GHzの時で、マイクロ波と極超短波の境界領域である。

電子レンジはその周波数を発信する装置が備えてあり、そこからの電磁波によって食品を加熱する。ただし、水分子の振動を利用するので、水分がないと加熱できない。また、金属などの導電物質があると、強力な電磁波により金属に存在する自由電子の動きが活発になり、金属の中で大電流が起きるので危険であるから注意が必要である。金属が電磁波を反射して、装置の故障を起こすこともある。陶磁器でもその図柄に導電性の顔料を使用していると同様のことが起きる。



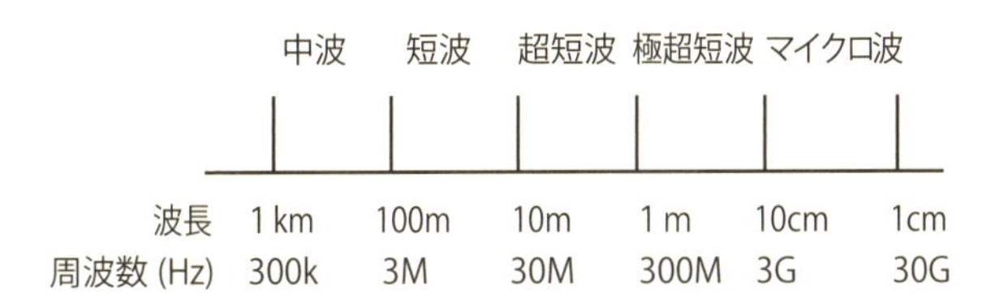


**電磁波の分類**（総務省電波利用ハンドブックより）

[周波数 Hz の接頭語：k= キロ ($10^3$)、M= メガ ($10^6$)、G= ギガ ($10^9$)]

## 2 冷蔵庫の中を冷たくできるのはなぜか

冷蔵庫では、その中の温度を 4℃以下に冷却し、冷凍庫では -18℃以下に冷凍することが JIS の評価基準になっている。その原理は前に記したエアコンを冷房に用いる時の原理と同じで、気化して温室効果ガスになりにくい特殊な冷媒を用いている。冷媒は圧縮されている時は液体であるが、減圧されると気化して気体になるものが用いられる。今はイソブタンが主に使用されている。

冷蔵庫を冷やす方法は次のようなものである。まずコンプレッサーを用いて冷媒を圧縮する。コンプレッサーで圧縮して熱くなった冷媒を冷却し、その後その冷媒を減圧弁で減圧すると冷たい冷媒を得ることができる。この冷たくなった冷媒を冷蔵庫の中に回して空気と熱交換し、冷蔵庫の中の空気を冷やしている。冷媒自身は冷蔵庫内空気との熱交換により少し温まるが、またコンプレッサーに戻して再利用するサイクルとなっている。ここで、熱くなった冷媒の冷却には冷蔵庫の下に放熱管を回してブロワーで空気と熱交換しているが、更に冷蔵庫の後ろや横壁からも放熱するようになっている。この冷媒の循環サイクルについては、エアコンで冷房する時と同じなので、エアコンの項で書いたヒートポンプの図（51ページ）を参考に理解して欲しい。

もしかすると、夏の暑い日に冷蔵庫の扉を開けておいて、そこから出てくる冷気で涼もうと考えた人がいるかもしれない。しかし先述した通り、冷蔵庫は冷たい空気だけでなく、同時に下から温かい空気が出たり、壁からも放熱するように設計されていてまわりの温度を上昇させている。また、この他にコンプレッサーやブロワーを動かすので、その動力も消費されて最終的には消費電力が熱として放散される。つまり、冷蔵庫で涼もうとしても結局は部屋の温度が上昇してしまうのだ。

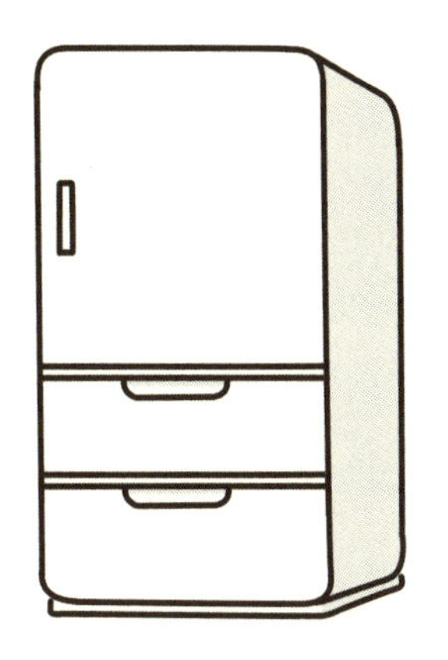

## 3 カレーは１日目より２日目においしくなるのはなぜか

カレーライスに使うカレーの味は時間が経つと深みが出るといわれる。その理由を考えてみよう。

人は舌にある味蕾(みらい)とよばれるセンサーで味を感じる。味蕾は舌の表面にある細胞組織であるが、そこに味の成分を認識して結合する受容体(じゅようたい)（レセプター）が存在する。受容体にはいろいろあって甘味を感知するもの、渋味を感知するもの、辛味を感知するもの、酸味を感知するものなどがあるが、その一つに“うまみ”を感知する受容体がある。すなわち、うまみ成分の分子を認識して、その感覚が神経を通じて大脳に伝わることにより、人はおいしいものを食べたと感じることになる。

うまみ成分として重要なものにアミノ酸がある。アミノ酸自体は酸であり酸味があるが、金属イオンと結びついて塩［酸性物質（負のイオン）がナトリウムなどの金属イオン（正）に中和されて生じるイオン結合された化合物を塩(えん)という］になればうまみが出て来る。アミノ酸塩のなかでもグルタミン酸ナトリウムは昆布のうまみとして知られ、「味の素」などとして販売され、家庭でも使用されている。また、核酸（ヌクレオチド）の仲間のイノシン酸はかつお節の味として知られている。同じくヌクレオチドの仲間のグアニル酸は“干ししいたけ”の味を出すといわれる。食品中にはこれらのうまみ成分が混在し、他の調味料（塩、コショウなど）と協同して、複雑なおいしい味を作り出している。

ところで、表題のカレーの味が時間の経過と共に深みが出ておいしくなることについて考えよう。味のおいしさは上記のように「うまみ成分」が関係する。タンパク質はアミノ酸が重縮合（じゅうしゅくごう）して出来た物なので、時間が経つと酵素や酸の作用でタンパク質が分解してアミノ酸が生成する。その量が増えるので食物がおいしくなってくる。また、肉を構成する細胞中のATP（アデノシン３リン酸）が化学変化するとイノシン酸やグアニル酸に変化する。これもうまみ成分であり、食物の成分が分解してうまみ成分が生成し、おいしくなることが考えられる。カレーではないが、味噌、醤油や生の牛肉を、時間をかけて寝かせておくと発酵して味がよくなるというのも同じ原理による。ただし、時間が経つとカビが生えたり、腐敗が起きたりする危険があるので、これらの処理は慎重に行うことも大切だ。

なお、食品中のうまみ成分の濃度を測定する「うまみセンサー」が開発されている。これは、水溶液の水素イオン濃度を測定するpH計のように、膜電極がうまみ成分と結合して表面電位の変化量を検知する機能を持っている。電位の変化が大きいほどうまみ成分が多いということである。このセンサーを利用すると「うまみ」が数値化されて表されるので、食品のおいしさを比較検討することができる。味覚センサーとしてはこの他にも、甘味センサー、苦味センサー、塩味センサー、渋味センサー、酸味センサーなどいろいろと開発され市販されているので、試してみるのも興味深い。

# 4 酒に漬けておいた肉が加熱で固くならないのはなぜか

料理する時、牛肉や豚肉をお酒に漬けてから加熱すれば固くならない。このことについて考える。

食肉はタンパク質を摂取するために重要な食品であるが、タンパク質の他に脂肪があり水分が全体の60 ~ 70%を占めている。タンパク質は20種類のアミノ酸が縮重合[1]したもので、一部はコラーゲン繊維として肉の形を形成する役目を持っている。アミノ酸の組成は動物の種類や臓器によっていろいろである。食肉を加熱するとタンパク質が変性して構造が変化し固くなる。例えば卵は生の状態では液体であるが、加熱すると変性して固くなり、「ゆで卵」や「目玉焼き」になるのと似ている。これが肉を加熱し過ぎると固くなる理由だ。

ところが、肉をお酒（日本酒やブドウ酒など）に漬けておくと、加熱してもあまり固くならない。これは、肉のタンパク質（高分子）の一部がお酒の中の水と反応して（加水分解という）低分子のアミノ酸になるからだ。お酒にはわずかながら発酵で生成した有機酸が含まれるのでpHが4 ~ 5の弱酸性であり、お酒の中に存在する水素イオンが加水分解の

1）分子が重合する場合に、分子の一部が外れてつながる反応を縮重合、重縮合、縮合重合、または単に縮合という。例えば、エチレンの二重結合が開いてポリエチレンへと変化するという単なる重合反応と区別する時に、縮重合という言葉が用いられる。この場合は、アミノ酸のアミノ基とカルボキシル基から水分子が取れてつながり、縮重合が起こってタンパク質になる。

速度を上昇させて反応が進むのだ。要するに、アミノ酸から水分子が取れて繋がって出来たタンパク質の鎖が、今度は逆の反応で水分子が使われてアミノ酸に加水分解される。肉の組織を束ねているコラーゲンもタンパク質なので同様に加水分解される。

肉を構成するタンパク質のうち、アミノ酸に分解されるのは一部だけだが、それでも肉の分子が短くちぎれるので肉が柔らかくなる。さらに、生成したアミノ酸はうまみ成分になる。すなわち、肉をお酒につけておくとタンパク質の加水分解のために柔らかくなり、おいしさも増してくるのだ。

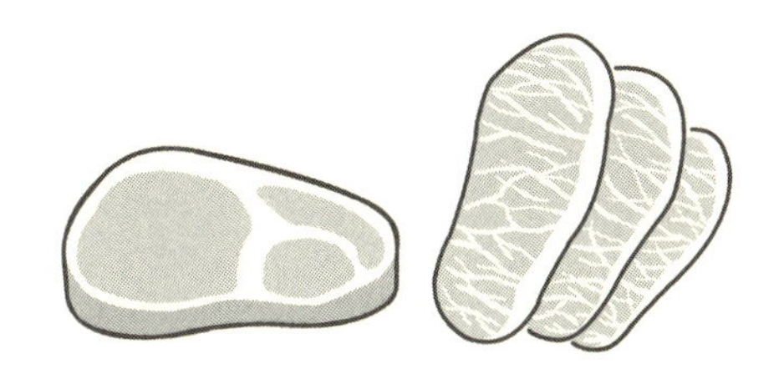

## 5 片栗粉でとろみがつくのはなぜか

汁物の料理の際にぬるい温度で片栗粉を入れると、汁にとろみがつく。この原因を知るには澱粉(でんぷん)のことを説明する必要がある。

澱粉はグルコースのつながった高分子で、そのつながり方によってふたつの分子構造に分かれる。一つはアミロースといってグルコースが１番と４番の炭素原子を介してまっすぐにつながった構造である。もう一つはアミロペクチンといい、１番と４番でつながる他に、６番の炭素原子を介して枝分かれしている。アミロースは長い鎖の構造であるので、分子同士が規則正しく配置されやすく、らせん状に並んで結晶化しやすい。(ただし、すべて結晶になるのではなく、非晶質の分子もある。) これに対し、アミロペクチンは枝分かれしているので、規則正しく配置されにくく結晶になりにくい。

澱粉を水あるいはお湯に溶かすと親水性の -OH 基があるので、水あるいはお湯によく溶ける。特に温度が上がると結晶の間に水分子が入って、澱粉は膨潤(ぼうじゅん)しゲル状の分子内に水を含んだ状態になる。これが接着に使う糊の状態である。この変化を糊化(こか)という。

逆に糊が固まると固くなるが、これを老化と呼んでいる。例えば、お米を炊いてご飯を作ると柔らかくなるが、これが糊化で、逆にご飯を置いておくと固くなるが、これが老化である。糊の状態の澱粉を $\alpha$- 澱粉、老化した澱粉を $\beta$- 澱粉と呼ぶこともある。糊になった状態では粘度が水よりも格段に高くなるが、その粘度はアミロースやアミロペクチンの重合度が高く、分子量が大きい程高くなる。

ここで、主題の片栗粉について述べよう。片栗粉はカタクリという植物の種の澱粉から作っていたが、現在はジャガイモの澱粉から作るのが主流である。カタクリの澱粉はアミロースの鎖長が長くて分子同士が絡みやすく、水やお湯に溶かした場合の粘度が高くなる。ジャガイモの澱粉もアミロースの鎖長が長くてカタクリの澱粉と似ているので上に記したように片栗粉の原料となる。こうしてアミロース鎖長の長い澱粉を溶かした液は粘度が高くなるので「とろみ」がつくのだ。なお、片栗粉を溶かしてとろみの出た液を温め続けると、アミロースの鎖が切れて分子が短くなり液の粘度が下がり、とろみがなくなってしまうので、注意が必要である。



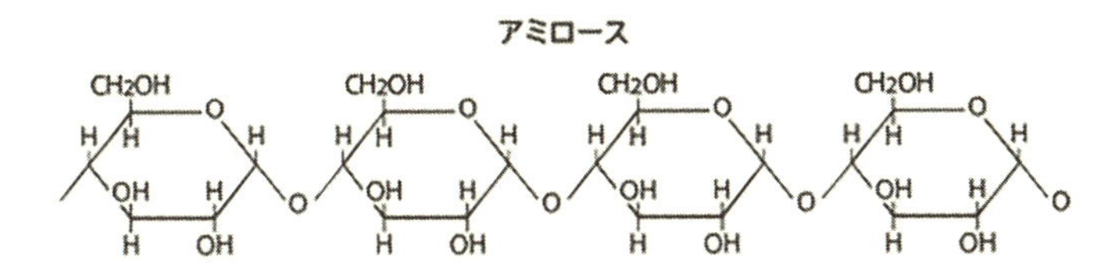


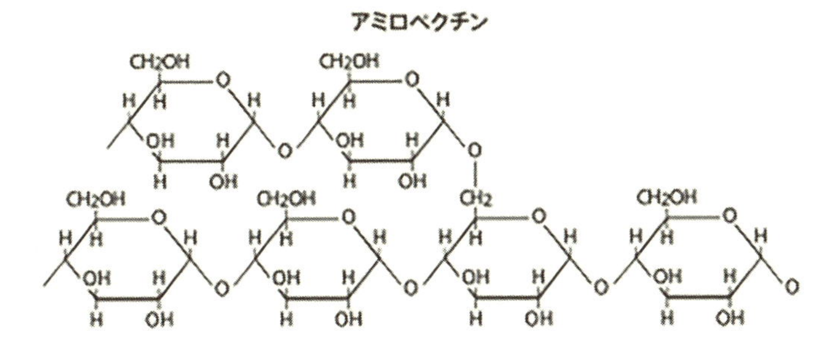


アミロースとアミロペクチンの構造

アミロペクチンは枝分かれしていて分子量は大きいが、鎖長はアミロースに比べると短い。もち米の澱粉は100%アミロペクチンで、粘りが出て来る。ジャガイモの澱粉のアミロペクチンの分子量はクズやタピオカよりもやや長いが、これと粘度との関係ははっきりしない。

いずれにしても、アミロースの含量、分子量（鎖長）、分子量分布、アミロペクチンの含量、分子量、分子量分布、枝分かれの状態などにより、水やお湯に溶解した場合のとろみ（粘度）は影響を受けると思われる。特に、カタクリやジャガイモの澱粉のアミロースの分子量が大きいことが、これらを水やお湯に溶かした時のとろみの大きさに関係している。

## 6 味噌や醤油がかびないのはなぜか

味噌や醤油を常温で保存しておいても今はカビは生えない。しかし、著者の子供の頃には醤油の表面に白いカビが浮いていたり、味噌の表面にも白カビが生じていた。現在ではこのような白カビの発生はほとんど見られない。これは後に述べるように、製造工程での滅菌の管理が今に比べると昔は不十分であったことによるものと考えられる。

醤油や味噌の原料は大豆である。これに小麦、大麦や米などを加えることもあるが、その割合は製造者の秘伝になっているようだ。この原料に麹（こうじ）（*Aspergillus oryzae* 等）を加えて発酵させるが、さらに酵母（こうぼ）（*Saccharomyces* 属）や乳酸菌（*Lactobacillus* 属）も加えることもある。この種菌（たねきん）についても代々の秘伝になっていると考えられる。種菌の添加や発酵の方法（手順や温度管理など）も製造者によっていろいろである。醤油の製造には塩水も大量に加えるが、味噌の製造には特に加えることはなく、原料に含まれる水分や製造工程で加える食塩と若干の水分が製品に含まれることになる。

ところで味噌や醤油にカビが生じにくい理由は、製造過程においての雑菌混入の防止が徹底されていることや、最終段階での沪過（細菌を除去できる）や加熱殺菌などの衛生処理が適切になされている為と考えられる。また、塩分濃度が高い（味噌5～13%、醤油16～19%、減塩醤油8～9%）ので、それによる滅菌作用がある。それでもごくまれに味噌の表面に産膜酵母や乳酸菌が膜（いわゆる白カビ）を作ることがあるが、これらは好気性であるので容器に蓋をすると防ぐことができる。人体に害はないが風味を損なうので、やはり注意した方がよい。

ちなみに好気性細菌とは酸素が増殖に必要な細菌類を指している。酸素があると増殖できない細菌もあり、これらを嫌気性細菌と呼ぶ。また、無酸素の環境では発酵し、有酸素の環境では増殖する細菌を通性嫌気性細菌と呼ぶ（例えばパン酵母)。

なお、味噌にはソルビン酸、醤油には安息香酸ナトリウムとかパラオキシ安息香酸イソブチルなどを保存料として加えているものもある。これらは食品衛生法で認められていて、長期保存には有効であると思われる。

## 7 鍋のこびりつきに重曹が効果的なのはなぜか

鍋の中や底に食べ物の一部や吹きこぼれた物がこびりついて取るのに苦労することがある。鍋の中のこびりつきを取るには重曹を1～2%含む水溶液を作り、これを加熱し10分程度沸騰させてひと晩放置するとこびりつきが取れてくる。

重曹の化学名は炭酸水素ナトリウムであるが、古くは重炭酸ソーダと言っていたので、その略称が重曹である。ソーダの漢字が曹達なので、この略称は理解できる。重曹は温度が上昇すると以下のように分解して、炭酸ナトリウムとなる。

$$2NaHCO_3 \rightarrow Na_2CO_3 + CO_2 + H_2O$$

酸性成分の二酸化炭素が泡となって発生し、空気中に放出される。残った炭酸ナトリウムはpHの高い強塩基性を示す。

こびりつきの原因は変性したタンパク質や、食品が燃えて炭素化したものである。温度の高い強い塩基（アルカリ）性の炭酸ソーダ水によって、変性したタンパク質のペプチド結合が加水分解を受けて低分子に分解される。これらの分解物や炭素化して焦げついた物質が、重曹の分解により発生する二酸化炭素ガスの泡によって器材からはがれやすくなり、溶液中に出てきたり、洗剤を付けてこするとはがれてくる。これが重曹を使って鍋窯(なべかま)をきれいに洗浄する方法の原理である。

また、重曹を粉末のまま若干の水と混ぜてペースト状にしてこびりついた部分に塗ると、こびりつきが取れやすくなる。

これは重曹が弱塩基なので、ペプチドに対する分解力は炭酸ナトリウムよりは弱いが濃度が高いので、ペプチドの分解と粉末による研磨効果があるためと考えられる。

なお、アルミニウムを使った鍋などの場合には、アルカリは材質を傷めるので重曹を使うのは避けた方がよい。また、クエン酸などの酸もペプチド分解の効果でこびりつきを取ることに利用できるが、アルミニウムを腐食する点は同様である。

# 8 どうして渋柿は甘くなるのか

渋柿のしぶい味は柿に含まれるタンニンによるものだ。タンニンはポリフェノールの一種で、親水性の -OH 基(水酸基)を多く持っているので、水に溶解する。水に溶けたタンニンが舌の味蕾細胞にある分子認識の受容体（レセプター）と結合して認識されると、渋い味を感じることになる。緑茶の茶渋もタンニンから来ている。

さて、渋柿を干しておくと柿の表面に薄い皮膜ができて、柿の細胞が酸素不足になる。そうなると解糖系代謝回路においてピルビン酸 $CH_3COCOOH$ が生成するが、更にピルビン酸から嫌気状態でアセトアルデヒド $CH_3CHO$ を経て $C_2H_5OH$（エチルアルコール；エタノールともいう）が生成される（アルコール発酵)。この過程における中間物質のアセトアルデヒドがタンニンと反応して縮重合（本書 116 ページおよび『身のまわりのやさしいサイエンス』102 ページ参照)反応によりタンニンを高分子化し水に溶けない状態に変化させる。これは例えば、フェノールがアセトアルデヒドと縮重合してフェノール樹脂になるのと同じ反応だ。フェノール樹脂はベークライトという名前でも知られている樹脂である。ベルギー生まれのアメリカ人ベークランドが発明した樹脂で、合成樹脂の最初の製品であるが、現在では使われていない。

以上の過程で生成する高分子状タンニンは水に不溶であるので、味蕾の受容体と結合しない。したがって、長時間干した渋柿はタンニンの渋さがなくなり、元々存在する糖質の甘さが強調されて、甘いと感じるのである。なお、渋柿をエチルアルコールに漬けておくと、エチルアルコールが空気中の酸素によって酸化されてアセトアルデヒドが生成するので、この方法でも渋柿が甘くなるそうだ。

# 9 漬物はなぜ腐らないのか

漬物が腐りにくいのはなぜだろう。

まず、漬物は塩分濃度が高い。沢庵(たくわん)は3%くらいだが、ぬか味噌漬け、松前漬け、福神漬けなどは5%を超えている。このような高い塩分の食物に微生物は住みづらい。それは微生物の細胞膜を通して浸透圧という水圧の差が生じて、細胞内部から水分がまわりの液体に漏れていくからだ。

脂質二重膜［炭化水素の疎水基とリン酸基（親水性）を持つ界面活性剤（リン脂質）から成っていて、界面活性剤の疎水基を内側に、親水基を外側にした二重膜になっている］である細胞膜には、ナトリウムイオンや塩素イオンの透過を（細胞内濃度が上昇しないように）制御する機構があるが、水分子に対してはアクアポリンというタンパク質が通り道を作っている。溶媒の水は通すが、溶けている物質（溶質という）を通さない膜を半透膜と呼んでいる。細胞膜はイオンの透過を大きく制限しているので、半透膜の一つと考えられる。熱力学の法則によると膜の両側における水の自由エネルギーが同じになる平衡の状態に漬物がおかれている。この平衡状態では膜を通して圧力の差が生じるが、それが浸透圧と呼ばれるものなのだ。

5%の水溶液と純水をさえぎっている膜の受ける浸透圧は約4MPaで、気圧の単位では40気圧にもなる。微生物の体内の塩分が0の場合には、細胞膜の内外でこれだけの圧力差がある。もし、微生物の体内の塩濃度がヒトと同じ0.9%と考えて計算すると、細胞膜内外の圧力差は約35気圧になる。

このような圧力にさらされると膜を保護する殻のようなものがなければ細胞はつぶれてしまう。したがって、一般の微生物はこれに耐えきれないので、漬物の中では生きられないのだ。

ただし、中には好塩菌といって高い塩分濃度を好む細菌もいるので、注意は必要だ。これは、好塩菌の細胞壁の構造が高い浸透圧に耐えられるようになっていたり、またトレハロースなどの浸透圧を調節する物質を体内に持っていたりするからだ。また健康志向のために食される浅漬けなどは塩分濃度を低くしてあり、その中で生きられる雑菌もあるので、やはり注意が必要だ。

なお、食塩以外にもショ糖を高濃度に含む食品も浸透圧の関係で長持ちすることも追加しておこう。

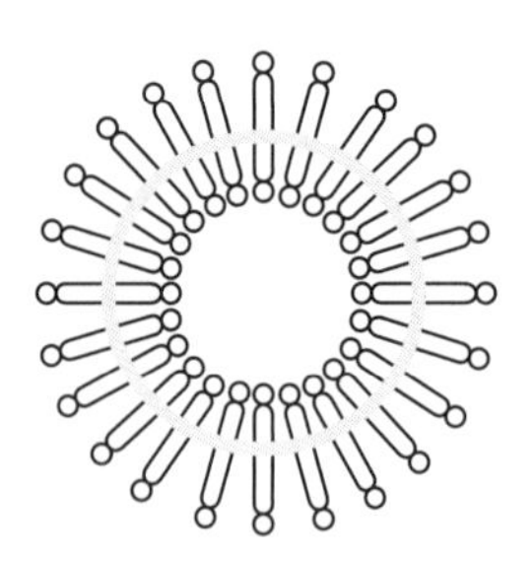

脂質二重膜の構造

# あとがき

身のまわりの「なぜだろう？」「どうして？」という疑問は、物事をよく観察すると無限に浮かんでくる。本書ではそのいくつかを扱ったが、普段の生活を見渡してみると更にいろいろな疑問点を見つけることができるだろう。自ら学び、自ら調べ、自ら考えることを常時心がけることが大切である。なお、この本で扱った事柄は多方面の話題に広がっているので、筆者の専門から離れた話題も多い。万一気の付かれた点があればご叱正を賜りたい。

最後に、本書を書くに当たって内容をチェックし、文章について細かく指摘してくれた妻和子、ならびに不思議についての事象を提案し、文章を読んで意見を寄せてくれた澤田典子、紗織、舞、古崎夏希の各氏、および出版に際してお世話になった花伝社佐藤恭介氏に感謝の意を表したい。

古崎新太郎

**古崎新太郎**（ふるさき・しんたろう）
1960年東京大学卒業、1964年マサチューセッツ工科大学修士、1977年工学博士（東京大学）。
東京大学教授、九州大学教授、崇城大学教授、化学工学会会長、日本膜学会会長、化学兵器禁止機関（OPCW）科学諮問委員会（SAB）委員（オランダ、ハーグ）、日本学術会議会員、連携会員などを歴任。現在、東京大学名誉教授。
著書：『移動速度論』（培風館）、『分離精製工学入門』（学会出版センター）、『バイオ生産物の分離工学』（培風館）、『化学工学』（朝倉書店）、*Expanding World of Chemical Engineering*（Taylor & Francis）など多数。専門は化学工学、生物化学工学。

**身のまわりの不思議を科学する——自然、健康、生活、料理のサイエンス**

2024年9月25日　初版第1刷発行

著者 ——古崎新太郎
発行者 ——平田　勝
発行 ——花伝社
発売 ——共栄書房
〒101-0065　東京都千代田区西神田2-5-11出版輸送ビル2F
電話　03-3263-3813
FAX　03-3239-8272
E-mail　info@kadensha.net
URL　https://www.kadensha.net
振替 ——00140-6-59661
装幀 ——黒瀬章夫（ナカグログラフ）
イラスト—平田真咲
印刷・製本—中央精版印刷株式会社


ISBN978-4-7634-2137-1 C0040